404 Fowl Not Found

The page you have requested has flown the coop.

Perhaps you are here because:

- The page has moved
- The page no longer exists
- You were looking for your puppy and got lost
- You like 404 pages

Return to homepage

MISSING

Owly
Eyes: Black
Beak: Yellow
Feathers: Brown

U0313744

◉ 制作网页背景

◉ 制作网页广告插图

◉ 制作艺术小网页

◉ 制作可爱的小鸟图标

◉ 制作网页广告

● 制作质感图标

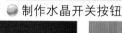

● 制作 Twitter 按钮

● 制作简洁绿色按钮

● 制作圆形立体按钮

● 制作水晶开关按钮

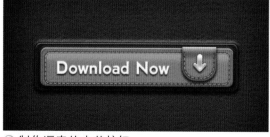

● 制作逼真的皮革按钮

● 制作简洁导航菜单

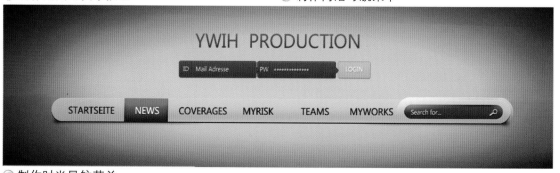

● 制作时尚导航菜单

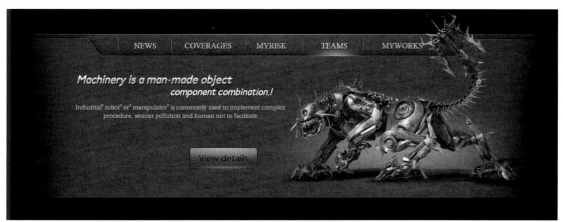

● 制作帅气游戏网站导航

● 制作漂亮的图片式导航

● 修整逆光的照片

● 制作精美夏装广告

制作薯条广告

制作大气专业的汽车网站

制作魔幻的游戏网站

制作儿童类网站

制作华丽的游戏网站

◉ 制作时尚服装广告条

◉ 制作快餐店广告条

◉ 制作果盘广告条

光 盘 内 容

全书所有操作实例均配有操作过程演示，共 70 个近 240 分钟视频（光盘\视频）

全书共包括 70 个操作实例，读者可以全面掌握使用 Photoshop CS6 进行网站 UI 设计的技巧。

第2章　　第3章　　第4章　　第5章　　第6章　　第7章　　第10章　　第11章

本书中所有
实例均配有
教学视频

电子产品网
站02.swf

简单的
LOGO.swf

漂亮的图片
式导航.swf

帅气游戏网
站导航.swf

时尚导航菜
单.swf

简洁导航菜
单.swf

复古导航
条.swf

创意音乐网
站.swf

儿童类网站
03.swf

　　光盘中提供的视频为 SWF
格式，这种格式的优点是体积
小，播放快，可操控。除了可以
使用 Flash Player 播放外，还可
以使用暴风影音、快播等多种播
放器播放。

电子产品网
站04.swf

电子产品网
站03.swf

电子产品网
站.swf

大气专业的
汽车网站
03.swf

大气专业的
汽车网站
02.swf

大气专业的
汽车网
站.swf

帅气游戏网
站04.swf

帅气游戏网
站03.swf

帅气游戏网
站.swf

魔幻游戏网
站02.swf

魔幻游戏网
站.swf

华丽游戏网
站03.swf

华丽游戏网
站02.swf

华丽游戏网
站.swf

质感图
标.swf

绚丽彩块图
标.swf

时尚的按钮
图标.swf

美妙的音符
图标.swf

简单立体图
标.swf

简单的钟表
图标.swf

艺术小网
页.swf

网页广
告.swf

网页插
图.swf

网页背
景.swf

简单网页图
标.swf

茶叶广
告.swf

普条广
告.swf

礼物宣传广
告条.swf

快客店广
告.swf

精美套装广
告.swf

画廊展览小
广告条.swf

果盘广告
条.swf

服装广
告.swf

炫酷的图
片.swf

炫彩网
页.swf

修整逆光的
照片.swf

使图像更加
鲜艳.swf

去除图像中
的瑕疵.swf

去除脸部的
装饰.swf

批处理图
像.swf

黑白色图
像.swf

圆形立体按
钮.swf

音量开关按
钮.swf

水晶开关按
钮.swf

数据统计按
钮.swf

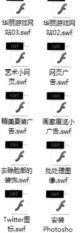

简单可爱的
按钮.swf

逼真的皮革
按钮.swf

Twitter图
标.swf

安装
Photosho
p.swf

网页设计
殿堂之路

韩广良 王明佳 武治国 编著

Photoshop网站UI设计全程揭秘

清华大学出版社
北京

内 容 简 介

本书以目前最受欢迎的图像处理与合成软件——Photoshop为设计工具,对主流网页设计流程和制作技巧进行了全面、细致的剖析。

本书首先从网站设计和建设的基础知识进行介绍,对网站UI设计技巧进行了多方面的讲解。然后介绍了Photoshop在网站UI设计中的实际应用,将最实用的技术、最快捷的操作方法、最丰富的内容呈现给读者,使读者在掌握软件功能的同时,迅速提高网页设计效率,并极大地提高从业素质。

本书附赠1张DVD光盘,其中提供了丰富的练习素材、源文件,并为书中所有实例都录制了多媒体教学视频,方便读者学习和参考。

本书结构清晰、由简到难,实例精美实用、分解详细,文字阐述通俗易懂,与实践结合非常密切,具有很强的实用性,是一本网站UI设计的学习宝典。

图书在版编目(CIP)数据

Photoshop网站UI设计全程揭秘 / 韩广良,王明佳,武治国 编著.—北京:清华大学出版社,2014
(网页设计殿堂之路)　　　　　　　　　　　　　　　　　　　　　　　　(2017.7 重印)

ISBN 978-7-302-35796-4

Ⅰ. ①P… Ⅱ. ①韩… ②王… ③武… Ⅲ. ①图像处理软件 Ⅳ. ①TP391.41

中国版本图书馆CIP数据核字(2014)第060885号

责任编辑:李　磊
封面设计:王　晨
责任校对:邱晓玉
责任印制:宋　林

出版发行:清华大学出版社
　　　　网　　　址:http://www.tup.com.cn,http://www.wqbook.com
　　　　地　　　址:北京清华大学学研大厦 A 座　　　　邮　　编:100084
　　　　社 总 机:010-62770175　　　　　　　　　　邮　　购:010-62786544
　　　　投稿与读者服务:010-62776969,c-service@tup.tsinghua.edu.cn
　　　　质 量 反 馈:010-62772015,zhiliang@tup.tsinghua.edu.cn
印 装 者:三河市君旺印务有限公司
经　　销:全国新华书店
开　　本:190mm×260mm　印　张:20.5　彩　插:4　字　数:499 千字
　　　　　(附 DVD 光盘 1 张)
版　　次:2014 年 10 月第 1 版　　　　　　　　印　　次:2017 年 7 月第 5 次印刷
印　　数:8501~10000
定　　价:79.00 元

产品编号:059413-01

　　在如今这个互联网飞速发展的时代，网络已经成为人们生活中不可或缺的一部分。同时网页设计也开始被众多的企事业单位所重视，这就为网页设计人员提供了很大的发展空间。而作为从事相关工作的人员则要掌握必要的操作技能，以满足工作的需要。

　　作为目前非常流行的网页设计软件——Photoshop，凭借其强大的功能和易学易用的特性深受广大设计师的喜爱。

本书内容

　　第 1 章主要介绍网页界面的分类、网站建设的大致流程、网页界面的设计原则和重要的构成要素，以及网页设计的命名规范等内容。

　　第 2 章主要介绍 Photoshop 的基础知识和基本操作，包括 Photoshop 简介、Photoshop 的安装、Photoshop 的基本操作、裁剪图像、图像的复制和粘贴、图像变换操作，以及还原与恢复等知识。

　　第 3 章主要介绍选区、形状在网页设计中的应用方法，包括选区的创建、填充与描边、渐变工具、形状的创建和加减，以及使用 Kuler 辅助配色等内容。

　　第 4 章主要讲解图层的功能和操作，包括使用图案增加按钮质感、图层的基本操作、图层样式的添加和修改、使用画笔工具和图像的变换操作等内容。

　　第 5 章主要介绍钢笔工具和文字在网页设计中的使用方法，包括网页设计的辅助操作、选区的修改、加深和减淡工具、钢笔工具和文本工具的操作技巧，以及快速对齐多个对象等内容。

　　第 6 章主要介绍修饰图像和调整图像色调的方法，包括使用图章工具修饰图像、修复网页中的图像、自动调整图像颜色、自定义调整图像色彩、锐化图像以及自动批处理图像等内容。

　　第 7 章主要介绍使用不同工具进行抠图的方法，包括使用磁性套索工具、快速选择工具、魔棒工具、快速蒙版和"调整边缘"命令抠图，使用修边优化抠图效果，以及使用蒙版合成图像等内容。

　　第 8 章主要介绍色彩的基础知识、色彩的视觉心理感受、网页配色标准、网页风格与配色，以及影响网页配色的因素等内容。

　　第 9 章主要介绍常见的网页布局方式、网页文字的设计原则、网页文字的排版规则和常用手法、根据内容确定布局方式，以及页面分割方式等内容。

　　第 10 章主要讲解 3 款游戏网站的设计和制作步骤，包括帅气的游戏网站设计、华丽的游戏网站设计和魔幻的游戏网站设计。

　　第 11 章主要讲解 3 款休闲类网站的设计和制作步骤，包括儿童类网站设计、大气专业的汽车网站设计和电子产品网站设计。

本书特点

　　本书以 Photoshop CS6 版本进行讲解，全面细致地讲解了 Photoshop 在网站 UI 设计领域的相关知识，对于网页设计的初学者来说，是一本难得的实用型自学教程。

- **紧扣主题**

　　本书全部章节均围绕网站 UI 设计的主题展开，所制作的实例也均与网站 UI 设计相关，效果精美，并且内容实用性较强。

- **易学易用**

　　书中采用基础知识与实例相结合的方式，使读者在学习后立即通过实例对所学内容进行巩固，使学习效率最大化。

- **多媒体光盘辅助学习**

　　为了增加读者的学习渠道，增强读者的学习兴趣，本书配有多媒体教学光盘，在该光盘中提供了书中所有实例的相关素材、源文件以及视频教学，使读者可以得到仿佛老师亲自指导一样的学习体验，并能够快速应用于实际工作中。

本书作者

　　本书由韩广良、王明佳、武治国编著，另外李晓斌、张晓景、解晓丽、孙慧、程雪翮、王媛媛、胡丹丹、刘明秀、陈燕、王素梅、杨越、王巍、范明、刘强、贺春香、王延楠、于海波、肖阁、张航、罗廷兰等人也参考了部分编写工作。本书在写作过程中力求严谨，由于水平有限，疏漏之处在所难免，望广大读者批评指正。

编　者

第 1 章 网站 UI 概述

网页作为了解和获取各种实时信息的主要途径，对于我们生活的重要性已经不言而喻了。那么究竟怎样的网页才算是成功的？网页的构成元素有哪些？又有哪些设计原则呢？本章将会一一作答。

1.1 了解网站 UI

网页是一个包含文字、图像和各种多媒体文件的 HTML 文档，我们根据网页的具体内容将其划分为环境性界面、功能性界面和情感性界面 3 种类型。

1.1.1　什么是网页界面

通俗地说，一张网页就是一个 HTML 格式的文档，这个文档又包含文字、图片、声音和动画等其他格式的文件，这张网页中的所有元素被存储在一台与互联网相连接的计算机中。

当用户发出浏览这张页面的请求时，就由这台计算机将页面中的所有元素发送至用户的计算机，然后再由用户的浏览器将这些元素按照特定的布局方式显示出来，就是我们实际看到的网页的样子。

1.1.2　网页界面的分类

人们根据页面的具体内容将网页分为以下三大类。

● 环境性界面

环境性网页界面所包含的内容非常广泛，涵盖政治、经济、文化、娱乐、科技、民族和宗教等领域。

● 功能性界面

功能性网页界面是最常见的网页类型，它的主要目的就是展示各种商品和服务的特性及功能，以吸引用户消费。我们常见的各种购物网站和各个公司的网站基本都属于功能性界面。

● 情感性界面

情感性界面并不是指网页内容，而是指网页通过配色和版式构建出某种强烈的情感氛围，引起浏览者的认同和共鸣，从而达到预期目的的一种表现手法。

1.2 网站建设流程

使用 Photoshop 设计和制作一张静态页面也许并不是

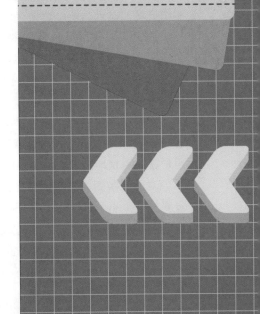

本章知识点

- ☑ 网页界面的分类
- ☑ 网站建设的流程
- ☑ 网页的设计原则
- ☑ 网页的构成元素
- ☑ 网页设计的命名规则

一件很困难的事，但要搭建起一个完整的网站，保持各种功能正常运行，并随时更新页面中的信息，却不是在短时间内能够做好的。网站的建设和维护周期很长，一般来说可以简单分为以下 6 个步骤：

1.2.1　域名注册

域名是由一串用点分隔的名字组成的字符串，用于在数据传输时标示计算机的具体位置。注册域名是在网站建设流程中首先要考虑的事情，域名选择的基本原则是简单易于记忆，使浏览者一看到页面就能自然而然地联想到域名，例如 http://www.baidu.com/。

域名在全世界具有唯一性，好的域名有助于企业形象的塑造。下面是一些比较常见的顶级域名摘录：

.com：商业机构（个人也可注册）　　　.pro：医生、会计师

.net：网络服务机构　　　　　　　　　.travel：旅游网站

.org：非营利性组织　　　　　　　　　.museum：博物馆

.gov：政府机构　　　　　　　　　　　.aero：航空机构

.edu：教育机构　　　　　　　　　　　.post：邮政机构

.mil：军事机构　　　　　　　　　　　.rec：娱乐机构

.info：信息提供　　　　　　　　　　　.asia：亚洲机构

.mobi：专用手机域名　　　　　　　　　.int：国际机构

1.2.2　购买虚拟主机

虚拟主机是在网络服务器上划分出一定的磁盘空间，供用户放置站点、应用组件等，提供必要的站点功能、数据存放和传输功能。

通常可以使用一种特殊的技术把一台真实的物理计算机主机分割成多个逻辑存储单元，每个单元都没有物理实体，但是它们都能像真实的物理主机一样在网络上工作，具有单独的域名、IP 地址以及完整的 Internet 服务器功能。在外界看来，虚拟主机与真正的主机没有任何区别。

虚拟主机提供商一般可以向用户提供 10MB、20MB、30MB 或者更高的虚拟主机空间，这个空间与我们熟悉的网络带宽一样。带宽越大，同一时间段内可传输的数据量就越大，用户就能更快地浏览到网页中的内容。

对于经济实力雄厚的企业来说，可以考虑购置属于自己的独立服务器，这可以让浏览者更快速浏览页面，而且易于管理，但购置成本较主机托管要高。中、小企业一般无力购置自主的服务器，大部分会选择主机托管的方式。

下图是市面上一些比较常见的虚拟主机：

1.2.3　确定网页设计

主机和域名的问题解决之后就可以着手设计和制作网页界面了。设计页面之前我们首先要收集需要放到页面中的具体信息和内容，将它们合理分类，然后科学严谨地确定出网站的主色调，并制作出每个独立的静态页面。

每个独立的页面制作完成后还要分别对它们进行切片，这也是一项非常重要的工作。如果切图不合理，很可能会给后期的程序搭建带来很大的麻烦，造成功能模块实现方式不合理，或者下载速度缓慢等现象，带给用户糟糕的浏览体验。

1.2.4　网站建设

网站建设是最重要的一步，这一步的主要工作就是利用 DIV+CSS 样式将上一步骤确定的静态页面转换为动态页面。在建设网站前必须准备充分的资料，最好可以画一张流程图，将各种功能、搭建流程，以及搭建过程中可能遇到的问题详细地列出来。

1.2.5　网站测试

网站建设完成后还需要对其进行试运行，确保网站的各个功能和模块都能够正常工作，不会出现任何纰漏。网站测试工作包括 5 方面内容：功能测试、性能测试、可用性测试、兼容性测试和安全测试，更细致的内容见下图：

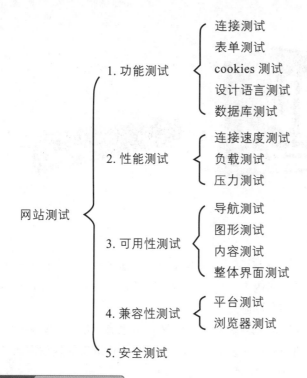

网站测试
1. 功能测试
- 连接测试
- 表单测试
- cookies 测试
- 设计语言测试
- 数据库测试

2. 性能测试
- 连接速度测试
- 负载测试
- 压力测试

3. 可用性测试
- 导航测试
- 图形测试
- 内容测试
- 整体界面测试

4. 兼容性测试
- 平台测试
- 浏览器测试

5. 安全测试

1.2.6 网站维护

　　一个好的网站需要定期或不定期地更新内容，才能不断地吸引更多的浏览者，增加访问量，并在激烈的市场竞争中抓住商机，这就是网站维护的意义。网站维护的内容主要包括以下 5 个方面。

● **服务器软件维护**

　　包括服务器、操作系统和网络连接线路等方面，以确保网站可以 24 小时不间断正常运行。

● **服务器硬件维护**

　　防止由于服务器硬件设备和网络设备出现各种问题而导致网站瘫痪，及时发现和处理漏洞。

● **网站内容更新**

　　只有不断地更新页面信息，才能保证网站的生命力，从而不断吸引用户的关注。内容更新是网站维护中的一个瓶颈，即使

在建站初期砸入再多的钱制作华美炫目的特效，但如果长期不对页面内容更新，也难逃被淘汰的命运。

● **网站安全维护**

　　这个世界上不存在永远没有漏洞的网站，一旦查出漏洞后，就要以最快的速度进行处理和补救，以免给黑客和不法分子留下可乘之机。

● **指定维护规定**

　　网站维护还应该制定相关的规定，将网站维护制度化、规范化，确保大部分的操作都有章可循。

1.3 网页的设计原则

　　网页设计的基本原则有视觉美观、主题明确、内容与形式相统一、快速下载，以及为用户考虑等，符合这些要求的网页往往更容易受到用户的青睐。

1.3.1 视觉美观

视觉美观是网页设计最基本的原则。试想一下，如果一个网页的用色俗气，版式杂乱无章，文字难以辨认，而且错字频出……这样一款设计糟糕的页面连让用户看第二眼的欲望都没有，又何谈宣传推广，招揽顾客？

下面是两款设计精美时尚的网站页面，这些页面无论从配色、版式再到动画特效，都让用户感到由衷的惬意，这样的网页无疑能够赢得用户的追捧。

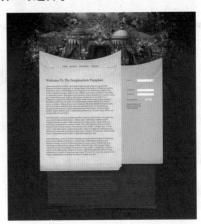

1.3.2 主题明确

如果要建设一个成功的网站，在设计静态页面时就应该考虑页面的内容有哪些？你的用户需要哪些信息？应该通过怎样的表现方式来使用户以最快的速度找到他们想要的信息？这就要求网页界面有一个清晰明确的主题，页面中的所有信息和元素都围绕这个主题来展开叙述，让用户看一眼就能明白页面要表达的意思。

1.3.3 内容与形式相统一

网页的内容主要是指 Logo、文字、图片、动画等要素，形式则是指整体版式和不同内容的布局方式，一个合格的网页应该是内容和形式高度统一的，我们需要做好以下两方面的工作。

● **表现形式要符合主题的需要**

一个页面如果只是一味地追求花哨的表现形式，过于强调创新而忽略具体内容，或者只追求功能和内容而采用平淡乏味的表现形式，都会使页面变得苍白无力。只有将二者有机统一，才能真正设计出独具一格的页面。

● **确保每个元素存在的必要性**

设计页面时，要确保每个元素都是有必要存在的，不要单纯为了展示所谓的高水准设计和新技术添加一些没有意义的元素，这会使用户感到强烈的无所适从感。

1.3.4　快速下载

这也是一条很重要的准则。试想一下，假如你要进一个网站买件 T 恤，可是进去 30 秒后还只能看到文字，根本无法看到 T 恤的样子，而你搜索出来的 T 恤列表有 50 页……你还有耐心继续看下去吗？

就现在的趋势来看，网页中最多的元素非图片莫属，所以要加快网页加载速度，还要从页面切图和优化存储图片下手，能通过代码实现的（例如纯色背景、直线、没有图层样式的普通文字）就不要切图，能用 1 像素平铺出来的就不要切 2 像素，能用 32 色存储的就不要用 64 色……

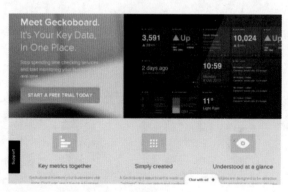 

1.3.5　为用户考虑

网站制作的目的就是吸引用户了解并购买自己的产品，所以就需要设身处地地考量网页中的每一个细节，具体来说包括以下 3 个方面：

⚫ **考虑用户的带宽**

设计和制作网页时需要考虑目标群体的网络连接速度。如果大部分用户的网络连接状况良好，带宽较大，就可以在页面中多加入一些 Flash 动画、声音，甚至视频和插件等多媒体元素，来塑造出更立体丰满的网页效果。

如果大部分用户的带宽较小，就要尽可能少用颜色复杂的图片，以及声音和视频等体积庞大且非必要的元素，以保证页面加载速度。

⚫ **考虑用户的浏览器**

市面上的浏览器很多，除了 IE 之外，也有很多人喜欢用火狐、遨游、Chrome 等浏览器上网。这就要求在后期编写代码时在兼容性上下足功夫，使页面在大部分的主流浏览器中都能够正常显示。

⚫ **简化操作流程**

如果能依靠美观舒适的外观吸引到浏览者，那么网站中各种功能的布局和操作流程就是能否留住用户的关键所在了。有一个著名的 3 次单击原则，主张任何操作都不应该超过 3 次单击，否则浏览者的耐心会很快告罄。

1.4 网页的构成元素

网页中的元素多种多样，其中比较常见的有文字、图像、动画、音频和视频等，还有通过代码实现的各种动态交互效果。这些元素都各有特点，合格的设计师总是可以将不同的元素有条有理地组合在一起，制作出一张美观协调的页面。

1.4.1 文字

文字最大的优势主要体现在两方面：一是体积小。50 个中文字符只占 1KB，但将这 50 个汉字以黑色黑体 12 点存储为 jpg 图像，却需要至少 30KB。二是信息传达效果明确。同样一张图像，在不同的人眼里总是会被解读成不同的含义。但文字却不同，只要是识字的人，基本都能很准确地接收到所要表达的意思。

网页中的文字通常包括标题、正文、信息和文字链接 4 种类型。其中正文的篇幅往往会比较大，所以设计版面时也要照顾到文字，最好能够把大片的文字分割成几块，以免版面呆板或失调，降低整体的美观度。

下图是两款包含大片文字的网页。由此可见，只要功夫到家，即使是最不起眼的文字同样可以充满设计感。

1.4.2　图像

现如今的网页设计领域可谓是色彩横行，图片当道的局面。这也难怪，毕竟相较于文字来说，具体直观、色彩丰富的图像更能刺激人们的感官。而且依托先进完善的图像压缩技术，即使是色彩过渡极其丰富的图像，也能够在保证品质的前提下被压缩到一个令人满意的体积，我们又何乐而不为呢？

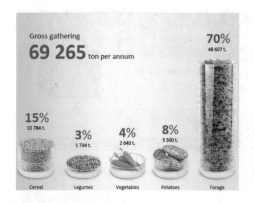

1.4.3　色彩

在网页设计中，各种色块主要用来连接和过渡不同的元素和版块，从而使页面整体效果更平衡、协调、丰富。根据页面类型和内容的不同，所使用的颜色也应该随之变化，例如环保旅游类的网页可以使用蓝色或绿色；儿童类网站最好使用天蓝色、粉色或黄色；女性美容养生类页面适合使用粉红色等。

1.4.4　多媒体

网页界面中的多媒体元素主要包括 Flash 动画、音频和视频，其中 Flash 动画的应用现在已经比较普遍了。

这些多媒体元素的应用能够使网页更时尚、更炫酷，但在使用前一定要确定用户的网络带宽是否能够快速下载这样的高数据量，不要单纯为了炫耀高新技术而降低用户的体验，这是很不明智的做法。

色彩在网页中的完美应用

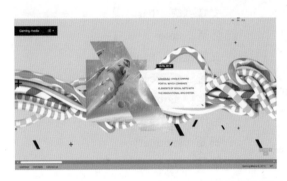

多媒体在网页中的完美应用

1.5　网页设计命名规范

　　一张完整的页面往往包含很多个部分，例如导航、Banner、菜单、主体、版底和 Logo 等，使用 Photoshop 设计页面时按照规定的准则命令图层或图层组，不仅有利于快速查找和修改页面效果，还可以大幅度提高切图和后期制作的工作效率。下图是网页的基本框架和结构，设计网页时，最好将同一区域的图层整合在一起。

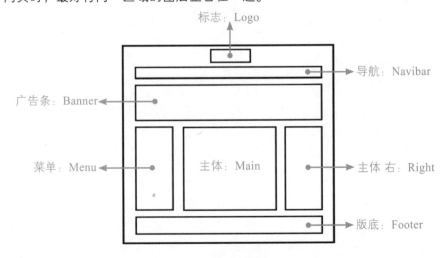

下面是一些常用的 CSS 标准化设计命名，在使用 Photoshop 设计页面时，我们也可以按照英文名来命令每一个具体的部分。

头：header

内容：content/container

页脚：footer

导航：nav

子导航：subnav

侧栏：sidebar

栏目：column

广告条：banner

主体：main

左 / 右 / 中：left /right /center

菜单：menu

子菜单：submenu

注册：register

登录：login

标志：logo

按钮：btn

图标：icon

热点：hot

新闻：news

下载：download

搜索：search

滚动条：scroll

标签页：tab

文章列表：list

小技巧：tips

标题：title

加入：joinus

标签页：tab

文章列表：list

注释：note

友情链接：friendlink

服务：service

状态：status

合作伙伴：partner

摘要：summary

版权：copyright

指南：guild

1.6 本章小结

本章主要简单介绍一些网站搭建与网页设计的相关基础知识，包括网页设计的定义、网页设计的分类、网页设计的准则、网站搭建的流程以及网页的构成元素等，简单地了解这些知识有助于更好地理解网页设计。

第2章 Photoshop 基本操作

本章主要介绍一些关于 Photoshop 的基础知识，包括 Photoshop 的安装、裁剪图像、图像的复制与粘贴、变换图像、还原与恢复操作和存储网页文件等内容。通过对本章的学习，读者应该对 Photoshop 的基本操作流程有一定的了解，为后面的学习夯实基础。

2.1 Photoshop 简介

Photoshop 是一款专业的图像处理和合成软件，主要用于处理位图图像。它能够实现对图像的色彩调整，可以实现不同格式图像的转换，还可以使用丰富的滤镜命令为图像添加各种艺术化的效果，甚至可以完成对 3D 对象的贴图绘制和视频的优化编辑。

2.2 Photoshop 的安装

对 Photoshop 的相关知识有了大概的了解后，就让我们来学习一下如何安装该软件吧。

本章知识点

- ☑ Photoshop 的安装
- ☑ Photoshop 的基本操作
- ☑ 裁剪图像
- ☑ 图像的复制粘贴
- ☑ 图像的变换操作

➡ 实例 01+ 视频：Photoshop 的安装

在开始 Photoshop 的学习之前，我们先向大家介绍一下 Photoshop 的安装过程。

🏠 源文件：无　　📶 操作视频：视频 \ 第 2 章 \ 安装 Photoshop.swf

01 ▶ 将安装光盘放入 DVD 光驱中，稍等片刻，自动进入 "初始化安装程序" 界面。

02 ▶ 初始化完成后进入 "欢迎" 界面，可以选择安装或试用。

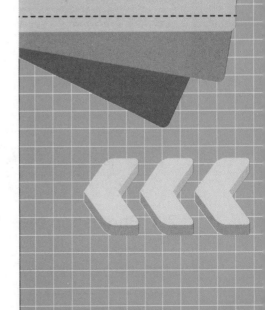

03 ▶ 单击 "安装" 按钮，进入 "Adobe 软件许可协议" 界面。

04 ▶ 认真阅读后单击 "Accept" 按钮，进入 "序列号" 界面。

05 ▶ 输入序列号，单击 "下一步" 按钮，进入再次单击 "下一步" 按钮。

06 ▶ 进入到 "选项" 界面，在该界面中勾选要安装的选项，并指定安装的路径。

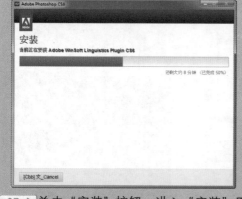

07 ▶ 单击 "安装" 按钮，进入 "安装" 界面，显示安装进度。

08 ▶ 安装完成后，进入 "安装完成" 界面，显示已安装内容。

2.3 Photoshop 的基本操作

在开始学习 Photoshop 各项功能前，首先要了解并掌握一些关于图像的基本操作，例如新建和保存文档、打开文件、修改图像大小和修改画布大小等。

2.3.1　新建文件

在着手创作各种作品之前，必须先创建新的文档。在 Photoshop 中，用户可以使用多种操作方式新建文档，如使用菜单命令或使用快捷键等。

执行"文件 > 新建"命令，或者按快捷键 Ctrl+N，弹出"新建"对话框。用户可在此对话框中指定新文件的"名称"、"尺寸"、"分辨率"和"颜色模式"等属性。设置完成后单击"确定"按钮，即可完成新文档的创建。

● **名称**

顾名思义，"名称"选项用于指定新文档的名称。若不指定，则会按照未标题 -1、未标题 -2、未标题 -3 的方式顺序命名。

● **预设**

"预设"选项列表中存放了很多预先设置好的标准文档尺寸，用户可以根据自己的操作需求选用不同的预设尺寸。

● **存储预设／删除预设**

单击"存储预设"按钮，弹出"新建文档预设"对话框。

输入预设的名称并选择相应的选项，可以将当前设置的文件大小、分辨率、颜色模式等创建为一个预设。

使用时只需要在"预设"下拉列表中选择该预设即可，同时也可以使用"删除预设"按钮删除预设。

● **宽度／高度**

"宽度／高度"选项用于设定新文档的宽度和高度，用户只需先确定相应的单位，例如厘米、像素等，然后直接在文本框中输入具体数值即可。

● **分辨率**

该选项用来指定图像的分辨率，下拉

列表中包含"像素／英寸"和"像素／厘米"两个选项，用户可根据具体需求选用不同的选项。

● **颜色模式**

该选项用于设定图像的色彩模式，下拉列表中包括"位图"、"灰度"、"RGB"、"CMYK"和"Lab"5 种可选模式，不同的颜色模式决定文档的用途。

用户还可以从"颜色模式"右侧的列表框中选择色彩模式的位数，分别有"1 位"、"8 位"、"16 位"和"32 位"4 个选项。通常位数设置得越高，图像的显示品质会越高，但对系统的要求相应也会越高。

● **背景内容**

用于指定新文档的背景颜色，如"白色"、"背景色"和"透明"。

若要自定义新文档背景色，请在执行"新建"命令前设置好"工具箱"中的"背景色"，然后执行"文件 > 新建"命令，在"背景内容"下拉列表中选择"背景色"即可。

● **图像大小**

主要用来显示新建文档的大小。

● **颜色配置文件**

用于设定当前图像文件要使用的色彩配置文件。

● **像素长宽比**

该选项只有在图像输出到电视屏幕时才有用。计算机显示器显示的图像是由方形像素组成的。只有用于视频的图像，才会选择此选项。

2.3.2 打开文件

要使用 Photoshop 编辑一张图像，先要将其打开。打开的方式很多，下面就向大家介绍几种常用的打开方式。

● **使用"打开"命令**

执行"文件 > 打开"命令，或者按快捷键 Ctrl+O，弹出"打开"对话框。

如果需要同时打开多个文件，可按下 Ctrl 键单击所需要打开的文件，然后单击"打开"按钮，即可打开所选图像文件。

● **使用"打开为"命令**

执行"文件 > 打开为"命令，或者按快捷键 Ctrl+Shift+Alt+O，弹出"打开为"对话框。

选择需要打开的文件并在"打开为"列表中为其指定正确的格式，然后单击"打开"按钮，打开图像文件。

● **使用"在 Bridge 中浏览"命令**

执行"文件 > 在 Bridge 中浏览"命令，或者按快捷键 Ctrl+Alt+O，即可运行 Adobe Bridge，选择需要打开的图像文件并双击，即可在 Photoshop 中打开所选图像。

● **使用快捷方式打开文件**

将需要打开的图像文件的图标拖动到 Photoshop 应用程序图标上，可以在运行 Photoshop 的同时打开图像文件。

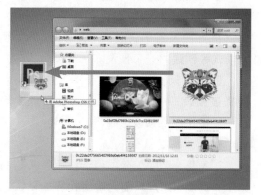

如果已运行 Photoshop，可直接将图像拖入到软件界面中打开。

● **打开最近使用过的文件**

执行"文件 > 最近打开文件"命令，该

下拉菜单中保存了 Photoshop 最近打开的
10 个文件。

　　选中所想要打开的文件，即可打开所
选图像文件。

弹出"打开为智能图像"对话框。选中所
需要打开的文件，然后单击"打开"按钮，
即可打开该文件，该文件同时被转换为智
能对象。

　● 作为智能对象打开

　　执行"文件 > 打开为智能图像"命令，

2.3.3　保存文件

　　作品制作完成后就需要及时对其进行保存，以免系统故障或突然断电造成数据丢失和
损失等意外情况，下面向大家介绍一下关于保存文件的知识。

　● 使用"存储"命令

　　如果保存正在编辑的文件，可执行"文
件 > 存储"命令，或者按快捷键 Ctrl+S，
图像会按照原有的格式存储；如果是新建
的文件，则会自动弹出"存储为"对话框。

　● 使用"存储为"命令

　　如果要将文件重新保存为新的名称、
其他格式，或修改其存储位置，可执行
"文件 > 存储为"命令，或者按快捷键
Ctrl+Shift+S，弹出"存储为"对话框。

⇨ 实例 02+ 视频：制作简单的网页图标

　　针对不同的操作要求，对图像文件的存储方式也各有不同，下面通过一个简单按钮的
制作来了解一下如何存储文件。

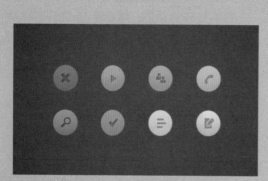

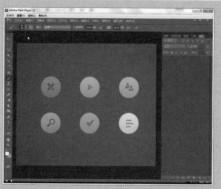

源文件：源文件 \ 第 2 章 \ 简单网页图标 .psd　　　　操作视频：视频 \ 第 2 章 \ 简单网页图标 .swf

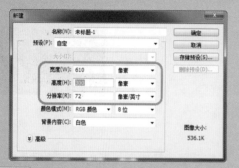

01 ▶ 执行"文件 > 新建"命令，新建一个空白文档。

02 ▶ 按下 Shift 键，使用"椭圆工具"在画布中创建一个任意颜色的正圆。

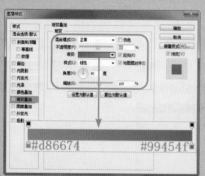

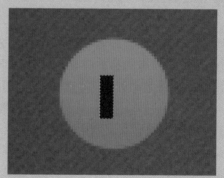

03 ▶ 双击该图层缩览图，打开"图层样式"对话框，选择"渐变叠加"选项，设置参数值。

04 ▶ 新建图层，使用"矩形选框工具"在画布中创建选区，并填充任意颜色。

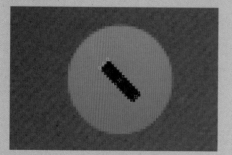

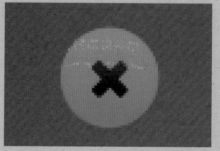

05 ▶ 取消选区，执行"编辑 > 变换 > 旋转"命令，将其旋转并适当调整位置。

06 ▶ 使用相同方法完成另一个图形的绘制，观察效果。

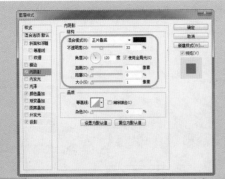

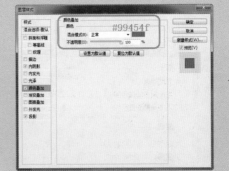

07 ▶ 打开"图层样式"对话框,选择"内阴影"选项,设置各项参数值。

08 ▶ 选择对话框中的"颜色叠加"选项,设置各项参数值。

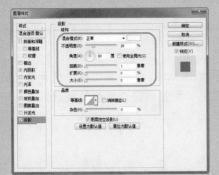

09 ▶ 在"图层样式"对话框中选择"投影"选项,设置参数值。

10 ▶ 设置完成后单击"确定"按钮,得到图像效果。

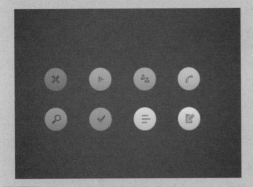

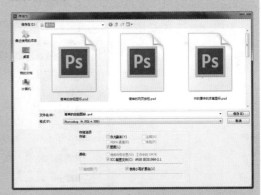

11 ▶ 使用相同方法完成其他按钮的制作,得到图像的最终效果。

12 ▶ 执行"文件 > 存储为"命令,在弹出的对话框中将文件存储为 PSD 格式,以便于下一次对文件进行修改。

提 示

　　在本实例中我们将完成的设计文档进行了两种格式的存储。PSD 格式作为预备文件,可在发现有什么不足时对文件进行修改。而存储为 Web 所用格式是为了对图像进行优化,以便于以最好的质量和最小的体积上传至网页。

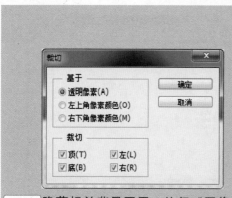
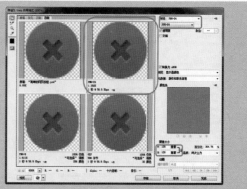

13 ▶ 隐藏相关背景图层，执行"图像 > 裁切"命令，裁切透明像素。然后执行"文件 > 存储为 Web 所用格式"命令，在弹出的对话框中对图像进行优化，将图像存储为透底图像。

提问：如何创建不规则选区？

答：利用"矩形选框工具"可以创建矩形选框区，但无法创建不规则选区。

若要创建不规则选区，需要使用"钢笔工具"绘制路径，然后转换选区。

2.3.4　修改图像大小

一张图像应用在不同的领域时需要不同的尺寸，所以需要调整图像的大小来适应不同的需要。在 Photoshop 中，修改图像的大小时要注意其像素大小、文档大小以及分辨率的设置。下面针对于修改图像大小的操作进行讲解。

执行"图像 > 图像大小"命令，或者按快捷键 Ctrl+Alt+I，弹出"图像大小"对话框。

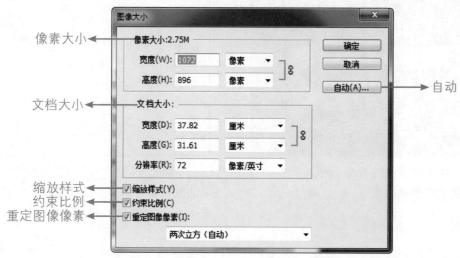

● **像素大小**

用来设置图像"宽度"和"高度"的像素大小，一般是用来确定图像在显示器上显示的尺寸。

● **文档大小**

用来设置图像的打印尺寸，图像分辨率越高，图片质量越高，体积越大。反之质量越低，体积越小。

● **缩放样式**

勾选该复选框后，在调整图像大小的同

时图像中所包含图层的图层样式也会按照比例缩放。

● **约束比例**

勾选该复选框后，图像的像素宽度和像素高度保持按照当前的比例缩放。

● **重定图像像素**

勾选该复选框后，图像的分辨率会随着图像尺寸的缩放而改变，但图像的像素不会改变。若要对其进行插补，可以在其下拉列表中选择进行插补的方式。

● **自动**

用于设置输出打印的挂网精度和打印图像的品质。选择"自动"按钮，产生的文件最大，图像品质也最好。

2.3.5　修改画布大小

绘制或编辑图像时，可能会出现画布尺寸不够的情况，可以通过执行"画布大小"命令对画布的尺寸进行重新设置。

执行"图像 > 画布大小"命令，或者按快捷键 Ctrl+Alt+C，弹出"画布大小"对话框。在"新建大小"选项中先确定相应的单位——"百分比"、"像素"或"英寸"等。然后指定新的画布尺寸，单击"确定"按钮即可改变画布的大小。

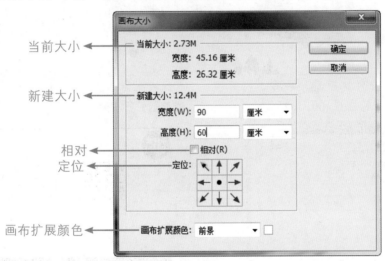

● **当前大小**

用来显示当前图像和文档的大小。

● **新建大小**

在此输入数值修改画布大小。

● **相对**

勾选该复选框后，输入的数值代表画布缩放区域的大小。输入正值画布增大，输入负值画布减小。

● **定位**

用来设置图像在画布中的扩展方向。

● **画布扩展颜色**

用来设置新画布的填充颜色。当图像的背景颜色为透明颜色时，该选项不可用。

➡ 实例 03+ 视频：制作艺术小网页

在网页设计过程中，经常会遇到图片素材太小或者画布的高度尺寸不足的情况。这时可以通过修改图像和画布大小获得更为满意的图像尺寸。接下来通过制作一个网页来学习如何调整图像画布的尺寸。

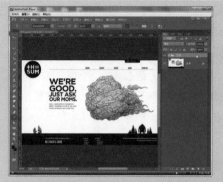

🏠 源文件：源文件 \ 第 2 章 \ 艺术小网页 .psd

📶 操作视频：视频 \ 第 2 章 \ 艺术小网页 .swf

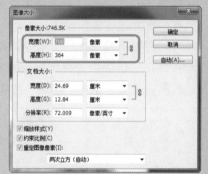

`01` ▶ 执行 "文件>打开" 命令，打开素材文件 "素材 \ 第 2 章 \001.jpg"。

`02` ▶ 执行 "图像 > 图像大小" 命令，设置参数，改变图像大小。

`03` ▶ 设置完成后单击 "确定" 按钮。执行 "图像 > 画布大小" 命令，对画布进行扩展。

`04` ▶ 设置完成后单击 "确定" 按钮，可以看到图像下方多出一块黑色区域。

`05` ▶ 打开 "字符" 面板，设置各项参数，输入文本内容。

`06` ▶ 使用相同方法输入其他文字，得到图像最终效果。

提问：如何更改字体样式？

答：我们可能在输入文字后对当前字体样式感到不满意，可以先单击选项栏中的"提交所有当前编辑"按钮，然后重新选择字体。

2.4　裁剪图像

图像在构图上存在问题或者制作时只需要图像中的某一部分，这时就可以通过裁剪图像实现对图像构图的调整或截取局部图像的操作。

2.4.1　裁剪固定尺寸

在处理图像时，如果需要将一张图像裁剪成固定大小，可以通过下面的操作完成。打开一张图片，选择"裁剪工具"，在其选项栏的"设置长宽比"框中输入想要裁剪的图像的宽高，然后在图像上拖动选择需要的区域，单击"提交"按钮即可。

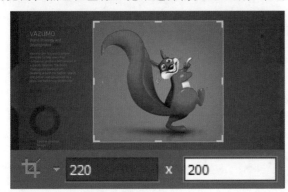

2.4.2　透视裁剪

在 Photoshop 中也可以对图像的透视效果进行微调。打开一张图片，选择"透视裁剪工具"，在照片上绘制裁剪区域。拖动调整裁剪框的透视角度与被裁剪的透视角度一致后，单击"提交"按钮或在裁剪框中双击鼠标左键，即可完成透视裁剪操作。

2.4.3　裁剪获得好的构图

有些摄影作品可能在构图方面存在不足，可以通过裁剪将其完善。选择"裁剪工具"，在选项栏的"视图"下拉列表中选择裁剪辅助线，利用这些辅助线可以裁剪获得好的构图。

● 三等分

三分法构图的主要目的就是避免对称式构图。图上任意两条线的交点就是放置主题的合适位置。

● 网格

裁剪网格用来帮助我们对齐图片。选择了小方格的对齐方式后随便旋转、摇曳任意一个角来手动对齐图片，裁剪网格主要是用来对齐地平线倾斜的照片。

● 三角形

以三个点为景物的主要位置，形成一个三角形，其构图方式的特点是安定、均衡又不失灵活。这种三角形有正三角、斜三角和倒三角。

● 黄金比例

黄金分割法是最常用的摄影构图法则。使用黄金分割法裁剪图像时，一定要注意画面的主题元素应该放置在两条线交点的最近位置。

● 对角

利用裁切框对图像进行对角线构图。也属于黄金分割法的一种构图方法，两条斜线的交点是放置主题的最佳位置。

● 金色螺线

观者的视线被安排在螺旋线周围的对象引导到螺旋线中心，黄金螺旋线绕的最密集的一端为图片的主体，也是黄金螺旋的起点。

2.5 图像的复制和粘贴

通过对图像进行复制和粘贴的操作，可以实现一幅图像多幅小图的效果。同时选择不同的粘贴命令可以获得更加丰富的粘贴效果。

2.5.1 复制文档

为了保护源文件和方便比较图像的变化，经常在一些操作中需要复制一些图像。在 Photoshop 中可以轻松实现图像复制的操作。

执行"图像>复制"命令，弹出"复制图像"对话框。单击"确定"按钮即可复制图像。

勾选"仅复制合并的图层"选项，复制操作将只复制合并图层上的内容，未合并图层上的内容不会被复制。复制的图像将以"xxx 副本"命名。

➡ 实例 04+ 视频：制作网页背景

复制图像除了可以保护源文件和方便比较修改前后图像的变化，还经常会应用到制作页面背景和细节部分。

源文件：源文件 \ 第 2 章 \ 网页背景 . psd

操作视频：视频 \ 第 2 章 \ 网页背景 . swf

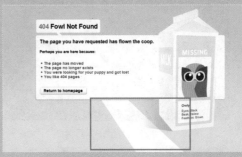

01 ▶ 执行"文件 > 打开"命令，打开素材文件"素材 \ 第 2 章 \ 002.psd"。

02 ▶ 在背景图层上方新建图层，使用"钢笔工具"在画布中绘制路径，按快捷键 Ctrl+Enter 转换为选区后，填充白色。

03 ▶ 取消选区，按快捷键 Ctrl+J 复制图层，适当缩放并调整其位置。

04 ▶ 使用相同方法完成其他内容的制作，得到图像效果。

05 ▶ 将相关图层进行编组，为其添加图层蒙版，使用黑白径向渐变填充画布。

06 ▶ 将该组重命名为"背景"，并修改其"不透明度"为 30%，得到最终效果。

2.5.2 拷贝和粘贴

图像的拷贝、粘贴也是一些创作中经常会遇到的一项操作，执行图像的拷贝和粘贴可以将原图像中选区内的图像复制到创作的图像中，而且不会损坏原始素材。

➡ 实例 05+ 视频：制作网页广告插图

图像的拷贝、粘贴也有其独特的作用，也是一项任何命令都无法代替的操作，很多的创作都可以用拷贝、粘贴来完成。

源文件：源文件 \ 第 2 章 \ 网页广告插图 . psd

操作视频：视频 \ 第 2 章 \ 网页广告插图 . swf

01 ▶ 执行"文件 > 打开"命令，打开素材文件"素材 \ 第 2 章 \004.psd"，并使用"矩形选框工具"在画布中创建选区。

02 ▶ 执行"编辑 > 拷贝"命令，打开素材文件"素材 \ 第 2 章 \003.psd"，执行"编辑 > 粘贴"命令。

03 ▶ 使用缩放工具适当调整其位置大小。

04 ▶ 使用相同方法完成相似制作。

提问：如何执行"拷贝"命令？

答：很多人可能在执行"拷贝"命令时，发现该命令显示为不可用，所以在执行"拷贝"命令前，首先要将拷贝的对象载入选区内。

2.5.3　选择性粘贴

Photoshop 文件中通常会包含很多的图层，可以通过"选择性粘贴"命令将拷贝对象粘贴到不同的图层中。

执行"编辑 > 选择性粘贴"命令，可以看到有不同的粘贴命令。

● **原位粘贴**

该命令主要是将想要粘贴的对象粘贴到拷贝对象的原始位置。

● **贴入**

执行该命令前图像中要先创建一个选区，想要粘贴的对象将会粘贴到选区内。

➡ 实例 06+ 视频：制作茶叶广告

利用选择性粘贴可以进行什么样的创作？下面我们还是通过一个简单的实例了解一下选择性粘贴与粘贴的区别，同时也可以加深对选择性粘贴的认识。

🏠 源文件：源文件 \ 第 2 章 \ 茶叶广告 .psd

📡 操作视频：视频 \ 第 2 章 \ 茶叶广告 .swf

01 ▶ 执行"文件 > 打开"命令，打开素材文件"素材 \ 第 2 章 \014.jpg"，并使用"矩形选框工具"在画布中创建选区。

02 ▶ 执行"编辑 > 拷贝"命令，打开素材文件"素材 \ 第 2 章 \013.jpg"，在画布中创建选区。

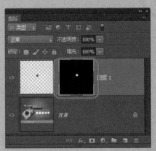

03 ▶ 执行"编辑 > 选择性粘贴 > 贴入"命令，调整图像大小和效果。

04 ▶ 打开"图层"面板，可以看到图层自动按照选区范围添加了蒙版。

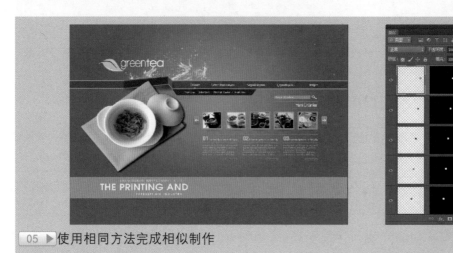

05 ▶ 使用相同方法完成相似制作

提问：如何用其他方法插入图片，并使其图像效果和图层面板不变？

答：直接将素材文件拖入到设计文档中，然后在拖入的图像中绘制选区，最后为其添加图层蒙版。

2.6 变换图像

复制粘贴后的图像通常不能完全满足要求，可以通过变换图像的操作，调整图形的角度、大小和透视等内容，实现更丰富的图像效果。

2.6.1 移动图像

复制图像的位置如果没有达到预期的目的，可以使用"移动工具"轻松地将图像移动到合适的位置。使用"移动工具"不仅可以对图层内的图像进行移动，也可以对选区内的图像进行移动。

● **移动图层内的图像**

当一个图像中包含有多个图层时，我们一定要先选中想要移动的图层，然后选择"移动工具"，就可以轻松地对图层内的图像进行移动操作了。

● **移动选区内的图像**

很多时候可能只需要一个图像内的一部分图案，这时候就要先使用选区工具框选想要移动的部分，然后使用"移动工具"拖动选区部分。

2.6.2 缩放图像

当经过复制的图像大小不合理时，就要调整其大小了。先选定需要变换的对象，执行"编辑 > 变换 > 缩放"命令，拖动变换框的四个拐角便可对其进行缩放。

● **等比例缩放**

拖动变换框的四个拐角的同时按下Shift键，或者单击选项栏中的"保持长宽比"按钮，即可对图像进行等比例缩放。

● **从中心等比例缩放**

拖动变换框的四个拐角的同时按下Shift 和 Alt 键，可保持图像的中心点不变，图像等比例进行缩放。

2.6.3　旋转图像

旋转图像主要用来调整图像倾斜的角度。执行"编辑 > 变换 > 旋转"命令，然后把鼠标放在变换框的四个拐角处，当鼠标的形状变成一个弯箭头时，便可以拖动鼠标变换图像的倾斜角度，也可以直接在选项栏的"旋转角度"文本框中输入数值。

 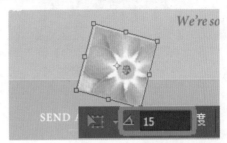

2.6.4　自由变换

执行"编辑 > 自由变换"命令或者按快捷键 Ctrl+T，使用鼠标右键在变换框内单击一下，在弹出的下拉菜单中提供了更多的变换选项。

➡ 实例 07+ 视频：制作网页广告

图像的变换是 Photoshop 中一项重要的操作，利用这项操作可以让创作的作品更加准确。下面使用"自由变换"命令制作一个简单的实例，熟悉其操作的方法。

🏠 源文件：源文件 \ 第 2 章 \ 网页广告 .psd

📹 操作视频：视频 \ 第 2 章 \ 网页广告 .swf

01 ▶ 执行"文件 > 打开"命令，打开素材文件"素材 \ 第 2 章 \019.jpg"。

02 ▶ 选择"圆角矩形工具"，在画布中创建任意颜色的形状。

03 ▶ 打开另一个素材文件"素材 \ 第 2 章 \019.jpg",并将其拖入到设计文档中。

04 ▶ 执行"编辑 > 自由变换"命令,按下 Shift 键的同时拖动变换框,等比例缩放图像,按下 Enter 键确定变换。

05 ▶ 使用鼠标右击该图层缩览图,在弹出的快捷菜单中选择"创建剪贴蒙版"命令。

06 ▶ 设置完成后得到图像的最终效果。

提问:创建剪贴蒙版有什么作用?

答:创建剪贴蒙版主要是为了保护源图像并使图像的显示区域符合下方图层的大小和形状,并不会改变图像的原比例,用户可以决定图像的显示区域。

2.7 还原与恢复操作

操作过程中,如果遇到对当前效果不满意的情况,可以通过恢复操作将操作取消,再次进行编辑,主要使用的是还原和恢复操作。

● **后退**

如果要让图像进行的操作后退一步,可以执行"编辑 > 还原"命令,或者按快捷键 Ctrl+Z。如果想要再次后退一步或多步,可连续按下快捷键 Ctrl+Alt+Z。

● **前进**

如果要让图像后退的操作前进一步,可以执行"编辑 > 前进一步"命令,或者连续按下快捷键 Ctrl+Shift+Z,便可逐渐恢复被撤销的操作。

● **恢复文件**

如果想要对图像进行的所有操作都取消,让图像恢复到最初打开时的状态,执行"文件 > 恢复"命令,即可恢复图像。

2.8 本章小结

本章主要通过一些简单的实例操作和基础知识的讲解,让读者轻松掌握 Photoshop 的基础操作。读者也可以充分利用这些基础知识和操作,继续扩展,从而创作出更加优秀的作品。

第3章 选区、形状与网站图标

标志如同商标一样，是一个网站特色和内涵的具体体现，应该使浏览者一看到标志就能自然而然地联想到网站的内容。标志的设计创意往往来自网站的名称和内容。

3.1 网站图标设计的准则

好的标志往往会体现出网站的信息和类型，是网站的灵魂。在设计标志时，要注意与网站的整体风格相协调。

● 代表性

标志需要具有代表性。设计时可以人物、动物或植物等具体形象作为设计的蓝本，然后加以卡通画和艺术化。例如搜狐标志的狐狸，中国民航标志的凤凰等。

图标的内容往往是以高度抽象和简化的图形来表现的，这种形式具有更高的艺术格调。

● 专业性

标志还需要具有高度的专业性。可以以本专业具有代表性的物品作为标志。例如中国银行的钱币标志，奔驰汽车的方向盘标志，铁路运输业的火车头形象等。

提示 很多人喜欢用网站英文名的变形效果作为标志，如夸大字头。这种形式具有更强烈的现代感和符号感，夺人眼球易于记忆。

3.2 网站图标的设计流程

一个成功的网站需要一个夺目的标志。总体来说，图标的设计和制作流程分为以下 4 个步骤。

● 调研分析

图标是依据企业的结构、行业的类别、经营的理念、接触的对象和应用的环境而为企业制定的标准视觉符号。在设计之前，首先要对企业做全面深入的了解。因此，我们首先会要求客户填写一份标志设计调查问卷。

● 要素挖掘

通过对调查结果的分析，从而提炼出标志的结构类型和色彩取向，列出标志所要体现的风格和特点。挖掘与标志相关的图形元素，确定设计方向，并有目的的设计，而不是对文字图形的盲目组合。

本章知识点

- [x] 了解图标的设计准则与流程
- [x] 掌握选区工具的使用
- [x] 填充与描边的操作
- [x] 掌握渐变工具的使用
- [x] 形状工具的深度了解

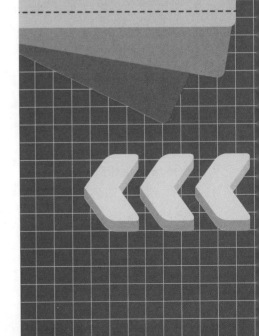

● 设计开发

在具体设计和开发阶段，设计师可以充分利用前一阶段收集到的思路和重要的素材，充分发挥想象，用不同的表现方式慎重巧妙地构思图标的具体表现形式和局部细节，最终开发出符合要求的图标作品。

● 图标修正

提案通过的标志往往比较粗陋，可能在细节上存在很多的不足和瑕疵，这就要求对细节进行更多的修正和完善，使最终标志效果更加规范，并且能够在不同的环境和场合下使用。

3.3 规则选区创建标志

Photoshop 为用户提供了大量用于创建选区的工具，我们可以使用不同的创建工具非常方便地在图像中创建各种规则或不规则的选区。其中规则选区创建工具主要有 4 种："矩形选框工具"、"椭圆选框工具"、"单行选框工具"和"单列选框工具"，本节将为读者讲解"矩形选框工具"和"椭圆选框工具"的使用方法。

3.3.1 矩形选框工具

"矩形选框工具"是在设计图标或按钮时常用的工具，选择"矩形选框工具"，用户可在选项栏中对其进行相应设置。

● 新选区

在画布中创建一个新选区，若再次创建选区，则会自动替换已经存在的选区。

● 添加到选区

可以将创建的选区添加到已经存在的选区范围中。

● 从选区减去

可以从选区中减去与当前选区范围交叉的部分。

● 从选区相交

创建新的选区后，只保留两个选区交叉的部分。

● 羽化

"羽化"选项主要用于为选区边缘添加虚化效果，取值范围为 0~250 像素。羽化值越大，朦胧效果越明显；羽化值越小，朦胧效果越不明显。

● 样式

用户可以分别使用 3 种样式来创建选区，分别为"正常"、"固定比例"和"固定大小"。

● 调整边缘

单击该按钮可以弹出"调整边缘"对话框，对选区进行更细致的优化。

3.3.2 椭圆选框工具

在创建椭圆选区时，选区边缘会产生锯齿，尤其是图像放大后，锯齿会更加明显。这是因为图像中最小的元素是像素，而像素是正方形的。用户可以在选项栏中勾选"消除锯齿"选项，对选区边缘进行平滑。前面已经对矩形选区的创建方式进行了简单讲解，椭圆选区的创建方法也与之相似，接下来让我们动手练习一下吧。

➡ 实例 08+ 视频：制作简单的 Logo

本实例通过"椭圆选框工具"和填充颜色相配合来制作一款简单鲜艳的网站图标，制作步骤很简单。

🏠 源文件：源文件 \ 第 3 章 \ 简单的 Logo. psd

🔊 操作视频：视频 \ 第 3 章 \ 简单的 Logo. swf

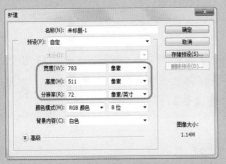

01 ▶ 执行"文件 > 新建"命令，创建一个空白文档。

02 ▶ 新建图层，使用"椭圆选框工具"在画布中拖动鼠标，创建一个椭圆选区。

03 ▶ 设置"前景色"为 #d94649，按快捷键 Alt+Delete 填充颜色，然后按快捷键 Ctrl+D 取消选区。

04 ▶ 使用相同方法完成相似内容的制作。

05 ▶ 使用"横排文字工具"在画布中输入相应的文字，得到最终效果。

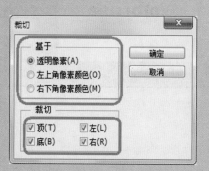

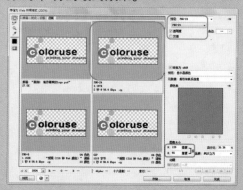

06 ▶ 隐藏"背景"图层，执行"图像 > 裁切"命令，裁掉图像周围的透明像素。

07 ▶ 执行"文件 > 存储为 Web 所用格式"命令，弹出"存储为 Web 所用格式"对话框，对图像进行优化存储。

 提 问

提问：创建选区后可以调整选区大小吗？

答：创建选区后可通过"选择 > 修改"下的收缩、扩展对选区调整大小，注意该菜单下的命令只对选区起作用。

3.3.3　单行选框工具和单列选框工具

　　"单行选框工具"和"单列选框工具"用于在图像中创建 1 像素宽度或高度的选区，常用于制作表格和辅助线。它们的使用方法非常简单，只需选择相应的工具在画布中单击即可，下面通过一个简单的实例来具体讲解。

➡ 实例 09+ 视频：制作精美的新浪图标

　　了解了"矩形选框工具"、"椭圆选框工具"、"单行选框工具"和"单列选框工具"的使用方法，接下来我们就用它们完成实例的制作吧。

🏠 源文件：源文件 \ 第 3 章 \ 精美的新浪图标 .psd

📶 操作视频：视频 \ 第 3 章 \ 精美的新浪图标 .swf

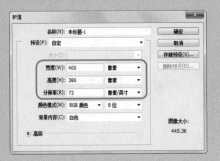

01 ▶ 执行"文件 > 新建"命令，创建一个空白文档。

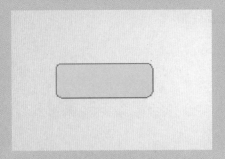

02 ▶ 使用"圆角矩形工具"创建一个"半径"为 5 像素的圆角矩形，颜色可为任意。

03 ▶ 使用"直接选择工具"适当调整图形。

04 ▶ 打开"图层样式"对话框，选择"描边"选项，设置参数值。

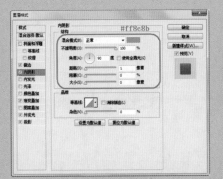

05 ▶ 继续选择对话框中的"内阴影"选项，设置参数值。

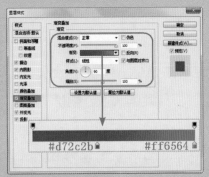

06 ▶ 选择对话框中的"渐变叠加"选项，设置参数值。

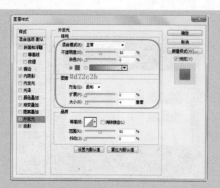

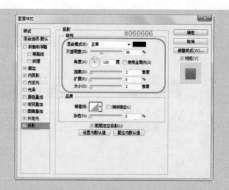

07 ▶ 选择对话框中的"外发光"选项，设置参数值。

08 ▶ 最后选择对话框中的"投影"选项，设置参数值。

09 ▶ 设置完成后单击"确定"按钮，可以看到图标有了一些立体效果。

10 ▶ 复制该图层，修改"填充"颜色为#858585，并清除图层样式，将其栅格化。

11 ▶ 执行"滤镜>杂色>添加杂色"命令，为色块添加一些杂点。

12 ▶ 设置完成后单击"确定"按钮，得到图形效果。

13 ▶ 修改该图层的"混合模式"为"叠加"，"不透明度"为40%，使杂点更自然。

14 ▶ 执行"文件>打开"命令，打开素材图像"素材\第3章\001.png"，将其拖入设计文档中，适当调整位置。

15 ▶ 使用"横排文字工具"在画布中输入相应的文字。

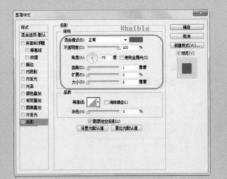

16 ▶ 打开"图层样式"对话框，选择"投影"选项，设置参数值。

17 ▶ 设置完成后单击"确定"按钮，得到文字的投影效果。

18 ▶ 使用相同方法完成相似内容的制作。

19 ▶ 新建图层，使用"单列选框工具"单击画布，创建选区。再使用"矩形选框工具"，按住 Shift+Alt 键对选区进行交叉剪裁。

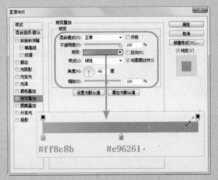

20 ▶ 为选区填充任意色，然后打开"图层样式"对话框，选择"渐变叠加"选项，设置参数值。

21 ▶ 设置完成后单击"确定"按钮，制作出分隔线。

22 ▶ 使用相同方法完成相似内容的制作，得到最终图标效果。

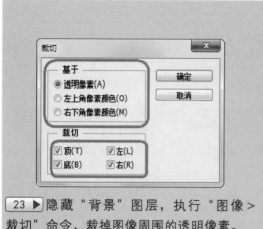

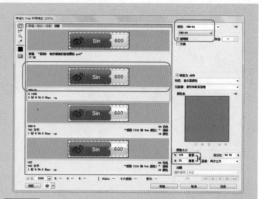

23 ▶ 隐藏 "背景" 图层，执行 "图像 > 裁切" 命令，裁掉图像周围的透明像素。

24 ▶ 执行 "文件 > 存储为 Web 所用格式" 命令，弹出 "存储为 Web 所用格式" 对话框，对图像进行优化存储。

提问：创建选区时需要的快捷键都有哪些？

答：按住 Shift 键创建选区与 "添加到选区" 的效果相同，按住 Alt 键创建选区与 "从选区减去" 效果相同，按住 Shift+Alt 键创建选区与 "与选区相交" 效果相同。

3.4 填充与描边改变图标风格

在 Photoshop 中，用户可以选择不同的方式为图像填充颜色，例如使用 "填充" 命令，或使用快捷键，还可以使用工具箱中的各种填充工具进行填充，如 "渐变工具" 和 "油漆桶工具"。描边则是指为选区描出可见的边缘，接下来就来为读者介绍填充和描边相关的操作方法。

3.4.1 油漆桶工具

"油漆桶工具" 可以为图像或选区填充需要的颜色和图案。用户可以单击 "油漆桶工具"，在选项栏中进行相应设置。

填充　　　模式　　　　不透明度　　　容差　　消除锯齿　连续的　所有图层

● **填充**

该选项下拉列表中包含两个选项，分别为 "前景色" 和 "图案"。当选择 "图案" 模式时，还允许选择填充的图案类型。

● **模式**

用于设置填充时色彩的合成模式，与图层 "混合模式" 效果相同。

● **不透明度**

用于调整所填充颜色的不透明度。

● **容差**

用于定义被填充的颜色的相似度，图像的每一个像素必须达到该颜色的相似度才会被填充，值的范围可以从 0~255。

- **消除锯齿**

  勾选该项可消除边缘的锯齿，使选择范围的边缘光滑。

- **连续的**

  勾选该选项，仅填充与所单击图像邻近的像素；未勾选该选项，则填充图像中所有相似的像素。

- **所有图层**

  勾选该选项，将使用所有可见图层中的数据选择颜色。

➡ 实例 10+ 视频：制作绚丽彩块图标

使用"油漆桶工具"填充颜色之前，需要在"前景色"中指定颜色。如果图像中不包含选区，那么将指定颜色填充到整个画布；如果图像中包含选区，那么只将颜色应用到选区。

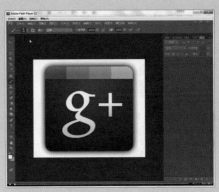

⌂ 源文件：源文件 \ 第 3 章 \ 绚丽彩块图标.psd　　📶 操作视频：视频 \ 第 3 章 \ 绚丽彩块图标.swf

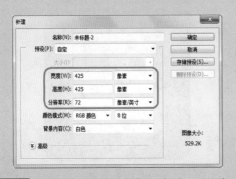

`01` ▶ 执行"文件 > 新建"命令，创建一个空白文档。

`02` ▶ 新建图层，使用"圆角矩形工具"创建一个"半径"为 25 像素的路径。

`03` ▶ 按快捷键 Ctrl+Enter 将路径转化为选区，并使用"矩形选框工具"减去顶部选区。

`04` ▶ 使用"油漆桶工具"在选区内填充任意颜色。

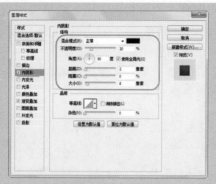

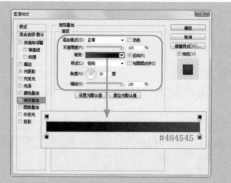

05 ▶ 打开"图层样式"对话框,选择"内阴影"选项,设置参数值。

06 ▶ 继续选择对话框中的"渐变叠加"选项,设置参数值。

07 ▶ 设置完成后,单击"确定"按钮,得到图形效果。

08 ▶ 使用相同方法完成相似内容的制作。

09 ▶ 打开"字符"面板,设置其参数值。

10 ▶ 使用"横排文字工具"在画布中输入相应的文字。

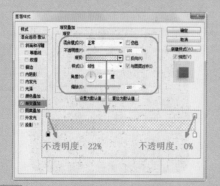

11 ▶ 打开"图层样式"对话框,选择"渐变叠加"选项,设置参数值。

12 ▶ 继续选择对话框中的"投影"选项,设置参数值。

13 ▶ 设置完成后得到图形效果。

14 ▶ 使用相同方法制作其他部分。

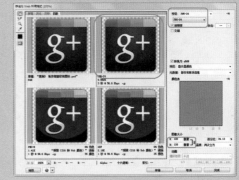

15 ▶ 隐藏 "背景" 图层,执行 "图像 > 裁切" 命令,裁掉图像周围的透明像素。

16 ▶ 执行 "文件 > 存储为 Web 所用格式" 命令,弹出 "存储为 Web 所用格式" 对话框,对图像进行优化存储。

提问:"油漆桶工具" 选项栏中的 "模式" 有什么作用?

答: 与图层的 "混合模式" 用法相同,用来设置所填充颜色的模式。将 "模式" 设置为 "颜色" 时,不会破坏图像中原有的阴影和细节。

3.4.2 填充

执行 "编辑 > 填充" 命令,弹出 "填充" 对话框。用户可在 "使用" 选项下拉菜单中选择用于填充的方式,如 "图案"、"前景色"、"背景色" 和 "颜色" 等。

若要使用 "前景色" 或 "背景色" 进行填充,需要在执行该命令前先设置好 "前景色" 和 "背景色"。若选择 "颜色" 选项,则可在弹出的 "拾色器" 对话框中自定义填充颜色。

实例 11+ 视频：制作简单立体图标

"填充"颜色是设计中最常用到的，是最简单也是最重要的。接下来通过一个实例来讲解"填充"命令的使用方法和技巧。

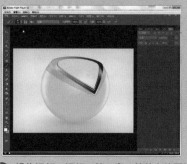

⌂ 源文件：源文件 \ 第 3 章 \ 简单立体图标 .psd

🔊 操作视频：视频 \ 第 3 章 \ 简单立体图标 .swf

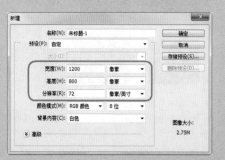

01 ▶ 执行"文件 > 新建"命令，创建一个空白文档。

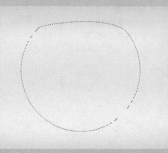

02 ▶ 新建图层，使用"椭圆选框工具"配合"钢笔工具"绘制出选区。

03 ▶ 设置"前景色"为 #90cdd5，执行"编辑 > 填充"命令，使用"前景色"填充选区。

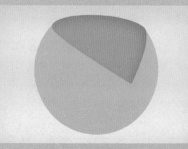

04 ▶ 使用相同方法完成相似内容的制作。

05 ▶ 新建图层，使用白色柔边画笔适当涂抹画布。

06 ▶ 使用"钢笔工具"创建路径并转换为选区。

07 ▶ 为该图层添加图层蒙版，并修改"填充"为 44%，并将其移至"图层 1"上方。

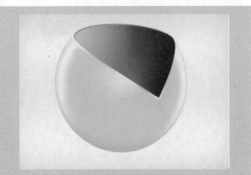

08 ▶ 使用相同方法完成相似内容的制作。

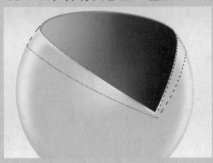

09 ▶ 使用"钢笔工具"在画布中创建路径，并转换为选区。

10 ▶ 执行"编辑 > 填充"命令，为选区填充白色，并按快捷键 Ctrl+D 取消选区。

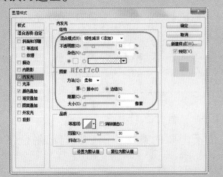

11 ▶ 打开"图层样式"对话框，选择"内发光"选项，设置参数值。

12 ▶ 继续选择对话框中的"颜色叠加"选项，设置参数值。

13 ▶ 设置完成后，单击"确定"按钮，并在"图层"面板中修改该图层"填充"为 0%。

14 ▶ 使用相同方法完成相似内容的制作。

15 ▶ 设置"前景色"为 #027989，使用"画笔工具"在画布中适当涂抹。

16 ▶ 使用相同方法完成相似内容的制作。

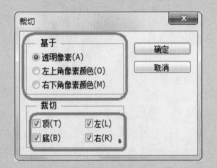

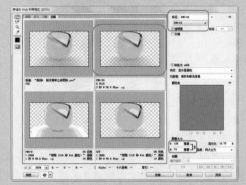

17 ▶ 隐藏"背景"图层，执行"图像 > 裁切"命令，裁掉图像周围的透明像素。

18 ▶ 执行"文件 > 存储为 Web 所用格式"命令，弹出"存储为 Web 所用格式"对话框，对图像进行优化存储。

提问："填充"对话框中的"内容识别"有什么作用？

答：通过该功能可以快速清除图像中不需要的景物，而且会自动融合修补区域与周围像素的光线效果和纹理。

使用快捷键 Ctrl+[可将当前图层下移一层，使用快捷键 Ctrl+Shift+[可将当前图层直接移至图层最下方（即"图层"背景上方）。

3.4.3　描边

执行"编辑 > 描边"命令，弹出"描边"对话框。用户可以根据操作需求在此对话框中设置描边的"颜色"、"宽度"、"混合模式"和"不透明度"等参数。此外还可以设置描边的位置，包括"内部"、"居中"和"居外"。

➡ 实例 12+ 视频：制作美妙的音符图标

相信大家已经对"描边"知识有了一部分的了解，下面就来动手操作一下，通过一个实例来强化一下对这部分知识的理解。

🏠 源文件：源文件 \ 第 3 章 \ 美妙的音符图标 . psd

📶 操作视频：视频 \ 第 3 章 \ 美妙的音符图标 . swf

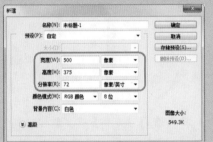

01 ▶ 执行"文件 > 新建"命令，新建一个空白文档。

02 ▶ 使用"椭圆工具"，设置"填充"为任意颜色，创建一个云朵的形状。

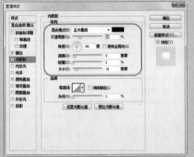

03 ▶ 打开"图层样式"对话框，选择"描边"选项，设置参数值。

04 ▶ 继续选择对话框中的"内阴影"选项，设置参数值。

05 ▶ 继续选择对话框中的"颜色叠加"选项，设置参数值。

06 ▶ 设置完成后，单击"确定"按钮，得到图形效果。

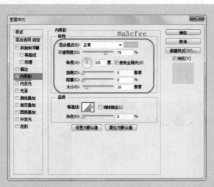

07 ▶载入该图层选区，新建图层，填充白色，然后为其添加"内阴影"图层样式。

08 ▶设置完成后单击"确定"按钮，将该图层"填充"修改为 0%。

09 ▶使用相同方法完成相似内容的制作。

10 ▶打开素材"素材\第 3 章\005.png"，将其拖入设计文档中，适当调整位置。

11 ▶按住快捷键 Ctrl 键单击该图层缩览图，载入图层选区，执行"编辑 > 描边"命令，对图像进行描边。

12 ▶设置完成后单击"确定"按钮，得到图形描边效果。

13 ▶复制该图层，载入图层选区并填充颜色 #5d6061，然后按快捷键 Ctrl+D 取消选区。

14 ▶执行"滤镜 > 模糊 > 高斯模糊"命令，弹出"高斯模糊"对话框，适当模糊音符。

15 ▶ 设置完成后单击"确定"按钮，将该图层移至"图层 10"的下方，并修改其"不透明度"为 64%，作为音符的投影。

16 ▶ 使用相同方法完成相似内容的制作。

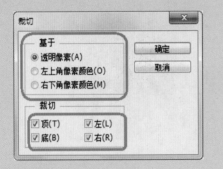

17 ▶ 隐藏"背景"图层，执行"图像 > 裁切"命令，裁掉图像周围的透明像素。

18 ▶ 执行"文件 > 存储为 Web 所用格式"命令，弹出"存储为 Web 所用格式"对话框，对图像进行优化存储。

提问："描边"对话框中的"保留透明度"选项有什么作用？

答：勾选该选项，并且当前所要描边的图层中含有透明区域，那么描边的范围与透明的区域重合时，重合部分不会被描边。

3.5　渐变工具增加图标质感

"渐变工具"是填充工具的一种，在图标设计中应用十分广泛。"渐变工具"可以填充多种颜色过渡的混合色，这个混合色可根据自己的需求来编辑，以达到一种理想的填充效果。该工具不仅可以用来填充图像和选区，还可以填充图层蒙版。

3.5.1　渐变的类型

单击工具箱中的"渐变工具"按钮，在上方的选项栏中进行相应的设置。选项栏中为我们提供了 5 种不同的渐变类型，分别为"线性渐变"、"径向渐变"、"角度渐变"、"对称渐变"和"菱形渐变"，我们可以根据不同的设计风格选择不同的渐变类型，从而实现各种不同的填充效果。

线性渐变

径向渐变

角度渐变

对称渐变

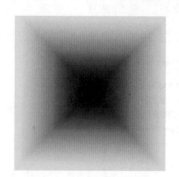
菱形渐变

3.5.2 编辑类型

　　单击工具箱中的"渐变工具"按钮，在选项栏中可以编辑渐变颜色、渐变类型等。单击渐变预览条，即可在弹出的"渐变编辑器"对话框中编辑渐变色。

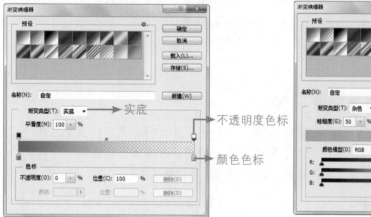
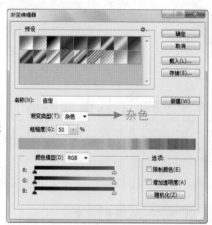

● 实底

　　在"渐变类型"下拉菜单中分别有"实底"与"杂色"两个选项，选择"实底"选项后，下方会显示渐变条，左边上下两个色标分别为"起点透明色标"和"起点颜色色标"。

● **颜色色标／不透明度色标**

渐变条上方的色标和下方的色标分别为不透明度色标和颜色色标，我们可以分别单击它们，来控制渐变条当前位置的颜色与不透明度。

● **杂色**

选择"杂色"选项后，会显示杂色渐变选项。"粗糙度"选项是用来设置杂色渐变的粗糙度，值越大颜色过渡越粗糙。

"颜色模型"共有 3 种，分别为"RGB颜色模型"、"HSB 颜色模型"和"LAB颜色模型"，拖动下方的滑块可调整渐变颜色。

提示　单击"渐变编辑器"对话框中的"存储"按钮，弹出"存储"对话框，可以将渐变预设列表中的所有渐变保存为渐变库文件。

➡ 实例 13+ 视频：制作可爱的小鸟图标

在"渐变编辑器"对话框中编辑好一个渐变色以后，在名称选项后的文本框输入渐变名称，单击"新建"按钮可将设置好的渐变色保存到渐变预设列表里，以便下次使用。为了使所学知识更扎实，请完成下面的实例吧。

🏠 源文件：源文件＼第 3 章＼可爱的小鸟图标 .psd

🔊 操作视频：视频＼第 3 章＼可爱的小鸟图标 .swf

01 ▶ 执行"文件 > 打开"命令，新建一个空白文档。

02 ▶ 新建图层，使用"椭圆工具"创建一个正圆路径。

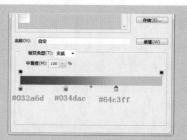

| 存储(S)... |

名称(N): 自定   新建(W)

渐变类型(T): 实底 ▼
平滑度(M): 100 ▶ %

#032a6d   #034dac   #64c3ff

03 ▶ 使用"钢笔工具",设置"路径操作"为"合并形状",创建小鸟头顶的羽毛。

04 ▶ 将路径转换为选区,使用"渐变工具",打开"渐变编辑器"进行编辑。

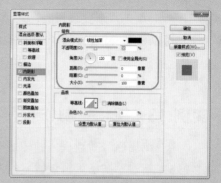

05 ▶ 设置完成后单击"确定"按钮,使用"渐变工具"为选区填充相应的渐变色。

06 ▶ 打开"图层样式"对话框,选择"内阴影"选项,设置参数值。

07 ▶ 设置完成后单击"确定"按钮,得到图形效果。

08 ▶ 新建图层,使用"钢笔工具"创建路径并转换为选区,填充任意颜色。

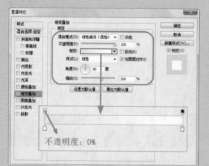

09 ▶ 打开"图层样式"对话框,选择"渐变叠加"选项,设置参数值。

10 ▶ 设置完成后修改"填充"为0%,得到图形效果。

11 ▶ 将其转为智能对象，然后执行"滤镜 >
模糊 > 高斯模糊"命令，对色块进行模糊。

12 ▶ 设置完成后单击"确定"按钮，得
到图形的模糊效果。

13 ▶ 使用相同方法完成相似内容的制作。

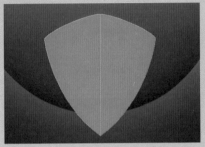

14 ▶ 使用"钢笔工具"，设置"填充"
为任意颜色，创建出鸟嘴部的形状。

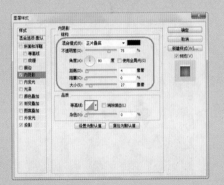

15 ▶ 打开"图层样式"对话框，选择"内
阴影"选项，设置参数值。

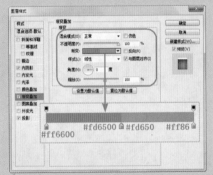

16 ▶ 继续选择对话框中的"渐变叠加"选
项，设置参数值。

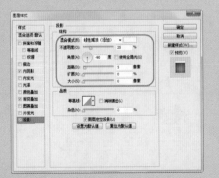

17 ▶ 继续选择对话框中的"投影"选项，
设置参数值。

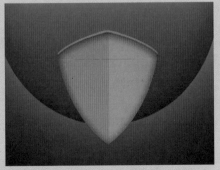

18 ▶ 设置完成后单击"确定"按钮，得
到嘴部的立体效果。

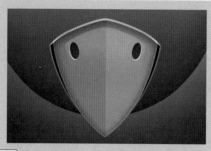

19 ▶ 使用相同方法完成嘴部其他部分的制作。

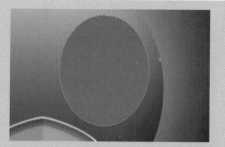

20 ▶ 使用"椭圆工具"创建一个任意颜色椭圆，作为鸟的眼部。

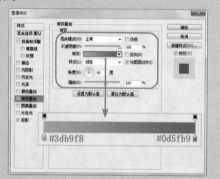

21 ▶ 打开"图层样式"对话框，选择"渐变叠加"选项，设置参数值。

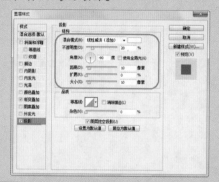

22 ▶ 继续选择对话框中的"投影"选项，设置参数值。

23 ▶ 设置完成后单击"确定"按钮，得到图形效果。

24 ▶ 使用相同方法完成相似内容的制作。

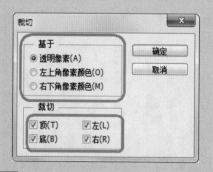

25 ▶ 隐藏"背景"图层，执行"图像 > 裁切"命令，裁掉图像周围的透明像素。

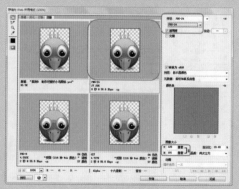

26 ▶ 执行"文件 > 存储为 Web 所用格式"命令，对图像进行优化存储。

提问：使用"渐变工具"与"渐变叠加"样式有什么区别？

答：使用"渐变工具"填充是对图像像素的修改，而"渐变叠加"样式不会直接修改图像像素，并可以隐藏和删除。

3.6　形状工具创建图标

形状工具所绘制出的矢量图形，在不同分辨率的文件中使用不会受到限制，不会出现锯齿模糊现象，即使是在棱角处也会清晰可见。

3.6.1　关于形状工具

我们常用的形状工具主要有"钢笔工具"、"矩形工具"、"椭圆工具"、"圆角矩形工具"、"多边形工具"、"直线工具"和"自定义工具"。它们不仅能绘制形状图层，还可以绘制工作路径和像素图像。

例如，"圆角矩形工具"可以绘制出圆角矩形，单击"圆角矩形工具"，可以在选项栏中设置参数，然后在画布中单击拖动鼠标创建圆角矩形。

工具模式　　填充　　描边　　　　　　　　　　　　　　　　　半径

● **工具模式**

"工具模式"下拉菜单中分别有"形状"、"路径"和"像素"3 个选项。

选择"形状"后，可以使用指定的"填充"和"描边"将形状绘制在单独的图层中。

选择"路径"后，将只绘制路径。

选择"像素"后，可使用"前景色"直接在当前图层中绘制像素。

● **填充／描边**

"填充"和"描边"仅适用于"形状"模式，用于指定新形状的填充颜色和描边颜色。

● **半径**

"半径"是用来设置圆角矩形的圆角半径。值越大，圆角越大；相反，值越小，圆角越小。

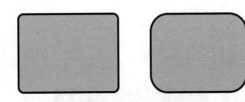

半径：10 像素　　　　　　　　半径：30 像素

3.6.2　多边形工具

"多边形工具"主要用于绘制多边形和星形。使用"多边形工具"，即可在选项栏中进行设置。单击"多边形工具"选项栏中的 ⚙ 按钮，在弹出的面板中勾选"星形"选项，可以绘制出星形。

边

● 边

该选项用来设置多边形或星形的边数。在选项栏中单击设置按钮，打开"多边形选项"面板，可以对多边形的"半径"等属性进行设置。

➡ 实例 14+ 视频：制作质感图标

使用各种形状工具绘制矩形、椭圆形、多边形、直线和自定义形状时，在单击画布拖动绘制形状的过程中按住空格键移动鼠标，可以调整所绘制形状的位置。下面通过一个练习来讲解对形状工具的灵活运用。

⌂ 源文件：源文件 \ 第 3 章 \ 质感图标 .psd

📡 操作视频：视频 \ 第 3 章 \ 质感图标 .swf

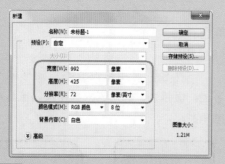

01 ▶ 执行"文件 > 打开"命令，新建一个空白文档。

02 ▶ 使用"圆角矩形工具"，设置"填充"为 #82113d，创建一个圆角矩形。

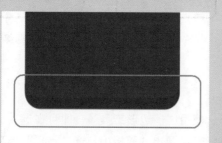

03 ▶ 使用"圆角矩形工具"，配合"减去顶层形状"模式创建上图的形状，颜色为 #6d1234。

04 ▶ 将其转换为智能对象，并执行"滤镜 > 模糊 > 高斯模糊"命令，将"半径"修改为 10 像素，得到图形效果。

05 ▶ 执行"图层 > 创建剪贴蒙版"命令，并修改图层"混合模式"为"正片叠底"。

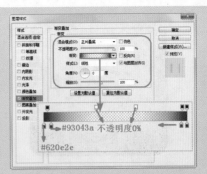

06 ▶ 复制"圆角矩形 1"至图层最上方，然后打开"图层样式"对话框，选择"渐变叠加"选项，设置参数值。

07 ▶ 设置完成后单击"确定"按钮，并修改图层"填充"为 0%，得到图形效果。

08 ▶ 使用相同方法完成相似内容的制作。

09 ▶ 使用"椭圆工具"创建一个"填充"为 #6d1234 的正圆。

10 ▶ 使用"钢笔工具"，修改"路径操作"为"减去顶层形状"，绘制出篮球的形状。

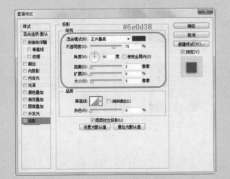

11 ▶ 打开"图层样式"对话框，选择"投影"选项，设置参数值。

12 ▶ 设置完成后单击"确定"按钮，得到图形的投影效果。

13 ▶ 使用相同方法完成相似内容的制作。

14 ▶ 使用"圆角矩形工具"创建一个"填充"为 #7d7d7d 到透明的圆角矩形。

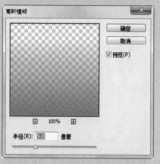

15 ▶ 将其转换为智能对象，并执行"滤镜 > 模糊 > 高斯模糊"命令，将图像模糊 5 像素。

16 ▶ 设置完成后单击"确定"按钮，得到图形模糊的效果。

17 ▶ 将该图层移至"背景"图层上方，修改图层"混合模式"为"正片叠底"。

18 ▶ 使用相同方法完成相似内容的制作。

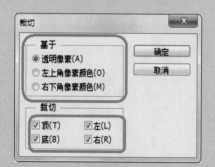

19 ▶ 隐藏"背景"图层，执行"图像 > 裁切"命令，裁掉图像周围的透明像素。

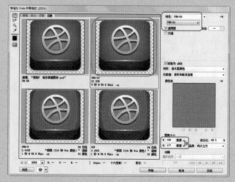

20 ▶ 按快捷键 Alt+Shift+Ctrl+S，弹出"存储为 Web 所用格式"对话框，对图像进行优化存储。

提问：智能滤镜与普通滤镜有什么区别？

答："普通滤镜"是通过编辑图像的像素达到滤镜的特殊效果，会直接修改图像像素。而"智能滤镜"是将滤镜效果附加到智能对象上，因此不会修改图像的像素，是一种非破坏性的操作。

3.6.3　形状的加减

在画布中创建一个路径或形状后，在形状工具的选项栏中，打开"路径操作"下拉列表，可选择相应的选项。选择不同选项后所绘制的路径或形状都会有不同的效果。

● **新建图层**

所绘制的形状图形将是一个新的图层。

● **合并形状**

在原有的形状基础上添加新的路径形状，与原有的形状合并为一个复合形状。

● **减去顶层形状**

在原有的形状或路径中减去当前所绘

制的形状或路径。

● **与形状区域相交**

只保留原来的路径或形状与当前所绘制的路径或形状的相交部分。

● **排除重叠形状**

只保留原来的路径或形状与当前所绘制的路径或形状非重叠的部分。

➡ 实例 15+ 视频：制作时尚按钮图标

在该实例中，我们将会制作一款包含很多不规则形状的图标，制作过程中将频繁使用到"路径操作"来复合多个形状。

🏠 源文件：源文件 \ 第 3 章 \ 时尚的按钮图标 .psd

📶 操作视频：视频 \ 第 3 章 \ 时尚的按钮图标 .swf

01 ▶ 执行"文件 > 打开"命令，打开素材图像"素材 \ 第 3 章 \007.png"，作为背景。

02 ▶ 使用"椭圆工具"在画布中创建一个"填充"为 #ea3634 的正圆。

03 ▶ 打开"图层样式"对话框,选择"描边"选项,设置参数值。

04 ▶ 设置完成后单击"确定"按钮,得到图形描边效果。

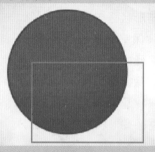

05 ▶ 新建图层,使用黑色柔边画笔,适当涂抹画布,并对该图层创建剪贴蒙版,修改其"不透明度"为14%。

06 ▶ 使用"椭圆工具"在画布中创建一个"填充"为 #bcbcbc 的正圆。

07 ▶ 继续使用"椭圆工具",修改"路径操作"为"减去顶层形状",创建一个圆环。

08 ▶ 使用"矩形工具",修改"路径操作"为"合并形状",在画布中创建一个矩形。

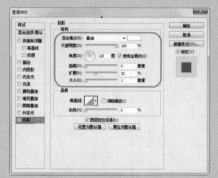

09 ▶ 使用"钢笔工具",修改"路径操作"为"减去顶层形状",在画布中创建图形。

10 ▶ 将该图层栅格化,打开"图层样式"对话框,选择"投影"选项,设置参数值。

11 ▶ 设置完成后单击"确定"按钮，得到图形的投影效果。

12 ▶ 使用相同方法完成相似内容的制作。

13 ▶ 新建图层，使用白色柔边画笔在画布中适当涂抹，制作出高光效果。

14 ▶ 修改图层"混合模式"为"叠加"，并为该图层创建剪贴蒙版。

15 ▶ 使用相同方法完成相似内容的制作。

16 ▶ 单击图层下方的"创建新的填充或调整图层"按钮，选择菜单中的"色阶"，在"属性"面板中适当调整参数。

17 ▶ 设置完成后得到图形效果。

18 ▶ 使用相同方法完成相似内容的制作。

提 示

可将图标的所有图层编组，并复制该组，按快捷键 Ctrl+E 合并图层，将图标调整到合适位置，并使用"橡皮工具"适当涂抹，制作出图标的倒影效果。

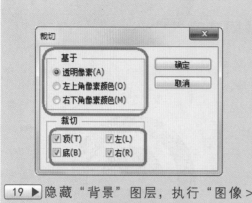

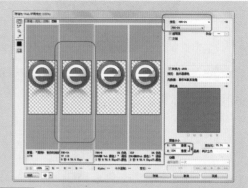

19 ▶ 隐藏"背景"图层，执行"图像 > 裁切"命令，裁掉图像周围的透明像素。

20 ▶ 按快捷键 Alt+Shift+Ctrl+S，弹出"存储为 Web 所用格式"对话框，对图像进行优化存储。

提 问

提问：怎么绘制正圆形？

答：在绘制椭圆时，按住 Shift 键同时拖动鼠标，则可创建正圆，按住 Alt+Shift 键，则以单击点为中心创建正圆。

3.6.4　自定义形状

"自定义形状工具"为我们提供了各种不同类型的形状，方便用户随时取用。单击工具箱中的"自定义形状工具"，在选项栏中的"形状"下拉菜单中存储了大量系统提供的形状。用户可根据设计需求选择形状，在画布中拖动鼠标即可绘制该形状的图形。

形状

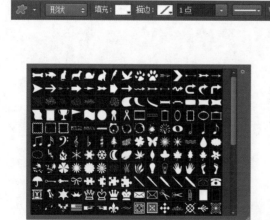

用户还可以将自己绘制的形状创建为自定义形状。选中自己绘制的形状，执行"编辑 > 自定义形状"命令，在弹出的对话框中输入形状名称，单击"确定"按钮即可。

3.7 使用 Kuler 设置图标的颜色

Kuler 是一款基于网络应用的配色软件，用来增强 Photoshop 的色彩工作方式，为我们提供了大量免费的色彩主题。我们可以创建并发布自己的配色方案供别人使用，当然也可以搜索自己喜爱的配色方案。

执行"窗口 > 扩展功能 >Kuler"命令，打开 Kuler 面板。单击"浏览"按钮，下面可显示当前上传的和可直接使用的颜色主题，我们也可以搜索自己需要和喜欢的主题。单击"创建"按钮，可根据系统提供的配色规则自定义配色方案。

用户可以在"浏览"选项卡中选择或搜索需要的配色主题，或将自定义的配色主题上传至网络。

还可以在"创建"选项卡的"选择规则"下拉列表中选择配色的规则，然后在色盘中拖动选择配色方案。

实例 16+ 视频：制作简单钟表图标

我们可以任意选择颜色作为"前景色"或"背景色"，然后在设计中使用它们，在"色板"面板的右上角三角菜单里我们可以重设面板，或删除不需要的颜色。

🏠 源文件：源文件 \ 第3章 \ 简单的钟表图标 .html　　　🔊 操作视频：视频 \ 第3章 \ 简单的钟表图标 .swf

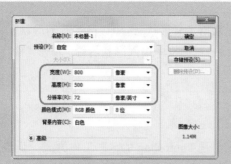

01 ▶ 执行"文件 > 新建"命令，创建一个空白文档。

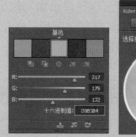

02 ▶ 打开 Kuler 面板，设置"选择规则"为"单色"，设置"基色"为 #d9b384。

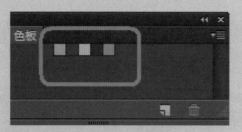

03 ▶ 设置完成后，单击面板下方的"将此主题添加到色板"按钮，然后打开"色板"面板，发现主题颜色已加入色板。

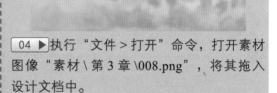

04 ▶ 执行"文件 > 打开"命令，打开素材图像"素材 \ 第 3 章 \008.png"，将其拖入设计文档中。

05 ▶ 使用"椭圆工具"，在画布中创建一个"填充"为 #fce2c1 的正圆。

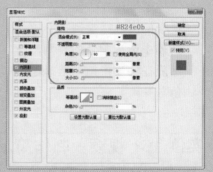

06 ▶ 打开"图层样式"对话框，选择"内阴影"选项，设置参数值。

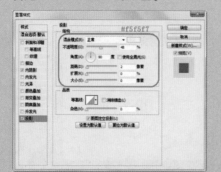

07 ▶ 继续选择对话框中的"投影"选项，设置参数值。

08 ▶ 设置完成后单击"确定"按钮，得到图形效果。

09 ▶使用相同方法完成相似内容的制作。

10 ▶使用"钢笔工具",在画布中创建形状,颜色为 #d9b384 。

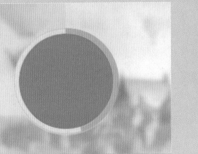

11 ▶将该图层移至"椭圆 1"上方,得到图形效果。

12 ▶使用"矩形工具",设置"填充"为白色,在圆的左上方创建一个矩形。

13 ▶为该图层创建剪贴蒙版,并修改图层"不透明度"为 30%。

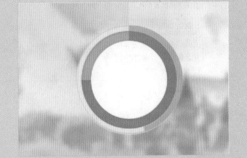

14 ▶使用相同方法完成相似内容的制作。

15 ▶打开"字符"面板,进行相应的设置。

16 ▶使用"横排文字工具"在画布中输入相应的文字。

17 ▶ 使用相同方法完成相似内容的制作。

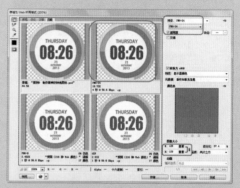

18 ▶ 隐藏 "背景" 图层，执行 "图像 > 裁切" 命令，裁掉图像周围的透明像素。

19 ▶ 按快捷键 Alt+Shift+Ctrl+S，弹出 "存储为 Web 所用格式" 对话框，对图像进行优化存储。

提问：怎样将自定义的颜色主题上载到 Kuler？

答：用户可以使用 "创建" 选项卡下方的 "将主题上载到 Kuler" 按钮，将自定义主题上载到网络，让其他用户也可以使用你的配色方案。

3.8 本章小结

　　本章为读者介绍了制作图标的基本要求、流程和一些相关工具的基础知识，包括 "渐变工具"、"油漆桶工具"、"矩形工具" 和 "自定义形状工具" 等。

　　通过对一些实例的操作，读者可以掌握选框工具在图标制作中的使用方法，以及填充工具与描边的使用，并且能熟练地操作形状工具，为以后的学习打好坚实的基础。

第4章 图层与网站中的按钮

网页中的按钮主要用来使用户跳转到网站中的其他页面，或者提供注册、下载和购买等功能。对于一些版式简洁、内容单一的页面来说，一款漂亮的按钮能够使整个页面的美观度大幅提升，从而达到吸引用户的目的。

4.1 按钮的设计要点

按钮是网页中非常重要的部分，它既承载着一定的功能，也是主要的装饰性元素。下面是按钮的设计要点。

● **与页面风格协调**

页面中的任何一部分都不能割离出来单独存在，按钮也如此。按钮的风格必须与整体页面效果协调一致，才能体现出价值。

● **注意配色**

设计按钮时要尽量做到文字清晰。另外，配色应该简洁鲜艳，最好不要使用 4 种以上的颜色。

● **巧妙调整按钮的形状**

按钮的形状应该根据整体页面颜色的着重点分布灵活调整。

如果需要设计很长的按钮，例如导航条，那么最好制作得纤细一些，否则会使版面失重。

4.2 按钮的应用格式

使用 Photoshop 将按钮制作好之后，还要将其存储为 Web 所用格式的文件，才能应用于网页。常用的 Web 所用格式有 JPG、PNG 和 GIF，下面详细介绍一下。

● **JPG/JPEG 格式**

JPG 格式是最常见的图像格式，它可以在保证图像显示效果的情况下对数据进行大幅压缩，拥有所有格式文件中最高的压缩率。

JPG格式不支持透明，如果按钮中不包含透明像素，且颜色比较丰富，那么使用 JPG 格式存储是非常不错的选择。

● **PNG 格式**

PNG 格式支持 256 种真彩色，支持完全透明，而且压缩比率相对较高，因此被广泛应用于网络传输。

如果按钮中包含透明像素，而且有丰富的颜色过渡，或者明显的半透明阴影和发光等效果，那么使用 PNG 格式存储比较

本章知识点

- ☑ 按钮的设计要点
- ☑ 创建和定义图案
- ☑ 图层的基本操作
- ☑ 使用图层样式
- ☑ 对图像进行变换

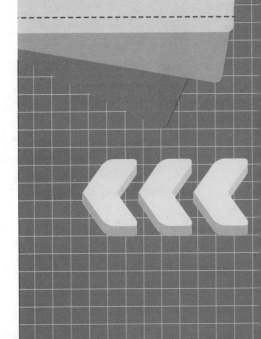

合适。

● **GIF 格式**

GIF 格式的压缩比率很高，因此文件体积较小。GIF 只能将其中一种或几种颜色设置为透明，不支持真彩色，最大的特

点是可以用来制作动态图像。

如果按钮中包含透明图像，但没有半透明阴影和发光等效果，且使用的颜色和线条极其简单，那么使用 GIF 格式存储可以得到体积很小的文件。

4.3 使用图案增加按钮的质感

我们经常可以在一些质感特别逼真的作品中看到各种纹理的影子，比较常见的有条纹、格子、皮革和各种污迹等。合理使用这些微小的元素，可以使作品更丰满、立体、艺术。下面介绍使用 Photoshop 制作和定义图案的方法。

● **绘制图案**

执行"文件 > 新建"命令，新建一张画布（通常为透明背景），然后使用"矩形工具"在画布中绘制方格。

● **定义图案**

执行"编辑 > 定义图案"命令，弹出"图案名称"对话框，为新图案命名，即可将该图案添加到图案选取器中。

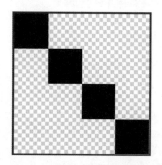

➡ 实例 17+ 视频：制作水晶开关按钮

相信通过上面的简单介绍，大家已经学会了定义图案的方法，下面通过一个实例来具体介绍各种图案的应用方法。这款按钮使用最简单的条纹图案作为按钮的底纹，得到的效果非常不错。

🏠 源文件：源文件 \ 第 4 章 \ 水晶开关按钮 .psd

📡 操作视频：视频 \ 第 4 章 \ 水晶开关按钮 .swf

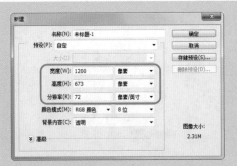

01 ▶ 执行"文件 > 新建"命令，新建一个空白文档。

02 ▶ 使用"椭圆工具"在画布中创建一个"填充"为 #ff0000 的正圆。

03 ▶ 新建一张 1×1px 的透明画布，使用"矩形工具"创建一个黑色正方形。

04 ▶ 执行"编辑 > 定义图案"命令，将绘制好的图案定义为"图案 1"。

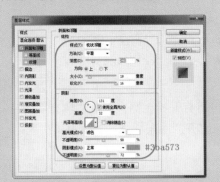

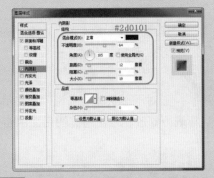

05 ▶ 返回设计文档中，打开"图层样式"对话框，选择"斜面和浮雕"选项，并设置参数值。

06 ▶ 继续在对话框中选择"内阴影"选项，设置参数值。

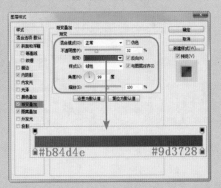

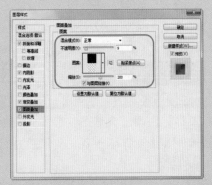

07 ▶ 继续选择"渐变叠加"选项，适当设置参数值。

08 ▶ 最后选择"图案叠加"选项，为正圆应用刚刚定义的图案。

09 ▶ 设置完成后，可以看到按钮有了立体感，还添加了细密的条纹。

10 ▶ 按快捷键 Ctrl+J 复制该形状，将其调整到按钮下方，清除图层样式，并按快捷键 Ctrl+T 将其等比例放大。

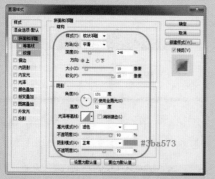

#3ba573

11 ▶ 打开"图层样式"对话框，选择"斜面和浮雕"选项，设置参数值。

12 ▶ 设置完成后，修改其"填充"为 #94e886，制作出按钮的外框。

对于形状图层来说，双击缩览图部分可打开拾色器，对其"填充"颜色进行修改；双击缩览图后面的空白部分可打开"图层样式"对话框。

13 ▶ 在图层最上方新建图层，使用"椭圆选框工具"创建一个选区，并使用白色柔边画笔涂抹出高光。

14 ▶ 使用相同的方法，绘制出按钮上的其他高光效果。

如果觉得直接创建带有羽化效果的选区操作不方便，可以先创建不带羽化的选区，然后执行"选择 > 修改 > 羽化"命令对选区进行羽化即可。

15 ▶ 使用"椭圆工具"在按钮正中心创建一个白色的正圆。

16 ▶ 设置"路径操作"为"减去顶层形状"，继续创建出圆环效果。

17 ▶ 分别使用不同的形状工具并配合"路径操作"创建出开关图形。

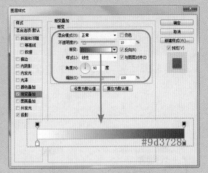

18 ▶ 打开"图层样式"对话框，选择"渐变叠加"选项，适当设置参数值。

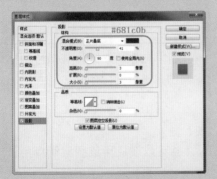

19 ▶ 继续选择"投影"选项，适当设置参数值。

20 ▶ 设置完成后单击"确定"按钮，得到图形效果。

21 ▶ 在图层最下方新建图层，使用柔边画笔涂抹出按钮的投影，并降低"不透明度"。

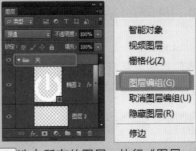

22 ▶ 选中所有的图层，执行"图层>编组"命令将其编组，并重命名为"关"。

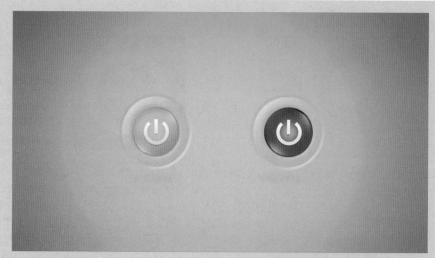

23 ▶ 使用相同的方法，制作出另外一个绿色的按钮，操作完成。

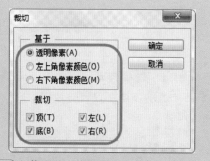

24 ▶ 隐藏背景和其中一只按钮，执行"图像 > 裁切"命令，裁掉按钮周围的透明像素。

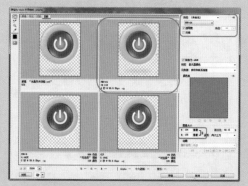

25 ▶ 执行"文件 > 存储为 Web 所用格式"命令，对图像进行优化存储。

提问：透明或不透明的图案有什么区别？

答：Photoshop 中的图案支持透明区域，并可以在应用该图案时应用该透明区域。例如分别将透明和黑色相间的图案与黑白相间的图案应用于一块红色，前者得到透明和黑色相间的条纹，后者得到黑白相间的条纹。

4.4 图层的基本操作

Photoshop 中的图层就等同于绘画用的画纸。图层的作用非常重要，Photoshop 中的所有操作和编辑都是基于图层而言的。学会灵活而合理地管理图层不仅可以降低操作的难度，还可以大幅提高工作效率。

4.4.1 新建图层

在文档中新建图层的方法有很多种，这里只讲解其中最常用的两种。用户可以执行"窗口 > 图层"命令，打开"图层"面板，然后单击面板下方的"创建新图层"按钮新建图层。

此外也可以执行"图层>新建>图层"命令，或者按快捷键 Ctrl+Shift+N，在弹出的"新建图层"对话框中指定新图层的"名称"、"颜色"、"混合模式"和"不透明度"等属性，然后单击"确定"按钮新建图层。

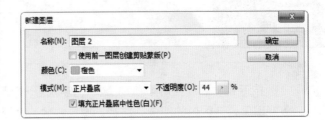

4.4.2　复制图层

复制图层也是极其常用的操作。在 Photoshop 中，用户既可以将整个图层在同一文档或不同文档间进行复制，也可以只复制选区内的图像。

● 复制整个图层

若要在同一文档内复制图层，请先在"图层"面板中选择需要进行复制的一个或多个图层，将它们直接拖曳到面板下方的"创建新图层"按钮即可。

若要在不同文档之间复制图层，请先在"图层"面板中选择需要进行复制的一个或多个图层，然后执行"图层>复制图层"命令，在弹出的"复制图层"对话框中指定目标文档，然后单击"确定"按钮。

用户也可以直接按快捷键 Ctrl+J 复制当前选中的图层，或者按快捷键 Ctrl+Shift+N 调出"复制图层"对话框。

● 复制选区中的图像

若图像中包含选区，那么直接按快捷键 Ctrl+J 可将当前图层中选区内的部分复制到新的图层中。

若按下 Alt 键使用"移动工具"拖动选区，则可将选区中的图像复制到当前图层。在选区取消之前，用户仍可以移动复制得到的内容，而不会影响到背景。

按下 Alt 键，使用"移动工具"拖动是一个万能的复制方式，可以用来复制图层、选区中的图像、路径、图层样式，甚至蒙版。

4.4.3 调整图层顺序

Photoshop 通过将一幅图像的不同部分分别绘制到不同的图层，来实现操作的可修改，那么这些图层是按照怎样的顺序组合成一幅完整的图像的呢？

在 Photoshop 中，当前文档中所有的图层都被放置在"图层"面板中，位置越靠下的图层内容在图像中显示的越靠后，位置越靠上的图层内容在图像中显示的越靠前。

图层中的内容总是按照上前下后的顺序显示，如果调整图层顺序，那么图像的显示效果也会随之发生变化。

若要调整图层的顺序，请选中相应的图层，将其直接拖曳到目标位置，然后松手，按钮就从背景上方跑到了瓶子上方。再看看图像效果，蓝色的按钮遮住了影子和瓶子。

> 用户可以使用快捷键 Ctrl+] 将选定图层上移一层，使用快捷键 Ctrl+[将选定图层下移一层。使用快捷键 Ctrl+Shift+] 可将选定图层移至图层组最上方，使用快捷键 Ctrl+Shift+[可将选定图层移至图层组最下方。

➡ 实例 18+ 视频：制作 Twitter 按钮

复制图层和调整图层顺序是制作按钮和图标比较常用的操作，例如在制作按钮的立体效果和阴影时，人们往往更喜欢直接复制按钮的图形，而不是重新绘制新图形。这不仅降低了操作的复杂性，还提高了形状的精度。

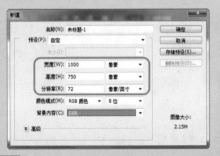

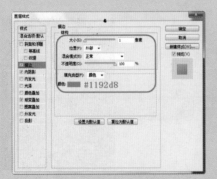

🏠 源文件：源文件 \ 第 4 章 \Twitter 按钮 .psd

🎬 操作视频：视频 \ 第 4 章 \Twitter 按钮 .swf

01 ▶ 执行"文件 > 新建"命令，新建一个空白文档。

02 ▶ 使用"圆角矩形工具"在画布中创建一个"半径"为 5 像素的圆角矩形。

03 ▶ 打开"图层样式"对话框，选择"描边"选项，设置各参数的值。

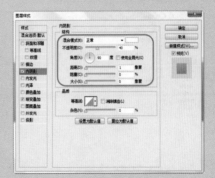

04 ▶ 继续在对话框中选择"内阴影"选项，设置参数值。

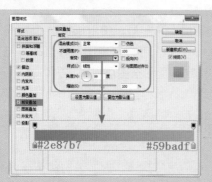

05 ▶ 在对话框中选择"渐变叠加"选项，设置参数值。

06 ▶ 设置完成后单击"确定"按钮，得到按钮效果。

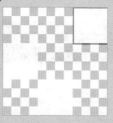

07 ▶ 新建一个 3×3px 的透明文件，使用"矩形工具"绘制图案。

08 ▶ 执行"编辑 > 定义图案"命令，将绘制的图案定义为"图案 1"。

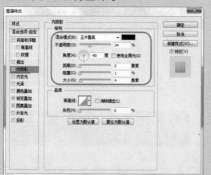

09 ▶ 按快捷键 Ctrl+J 复制图形，然后打开"图层样式"对话框，选择"内阴影"选项，设置参数值。

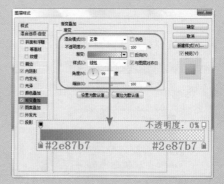

10 ▶ 继续在"图层样式"对话框中选择"渐变叠加"选项，适当设置参数值。

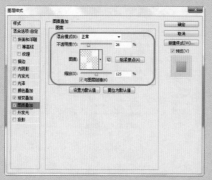

11 ▶ 最后选择"图案叠加"选项，适当设置参数值。

12 ▶ 设置完成后修改该图层"填充"为 0%，为按钮添加一些纹理。

13 ▶ 再复制该形状，移动到"圆角矩形 1"下方，并适当调整其宽度和位置。

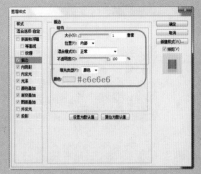

14 ▶ 打开"图层样式"对话框，选择"描边"选项，设置参数值。

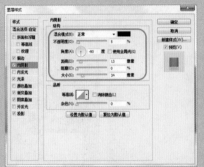

15 ▶ 继续选择对话框中的"内阴影"选项，设置参数值。

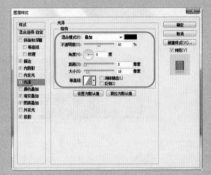

16 ▶ 继续选择"光泽"选项，设置参数值。

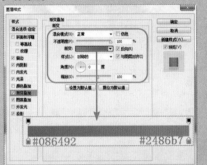

17 ▶ 继续选择"渐变叠加"选项，适当修改各参数值。

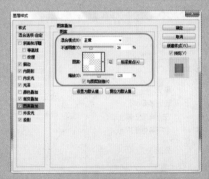

18 ▶ 继续选择"图案叠加"选项，设置相应参数值。

19 ▶ 最后选择"投影"选项，设置参数值。

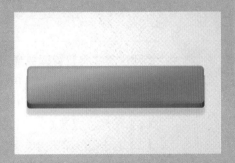

20 ▶ 设置完成后得到按钮的厚度和投影。

21 ▶ 使用相同的方法制作按钮左边的部分和小鸟形状。

22 ▶ 使用"横排文字工具"为按钮输入文字，并添加相应的样式。

23 ▶ 使用相同的方法制作其他 3 个按钮，并分别使用快捷键 Ctrl+G 将相关图层编组。

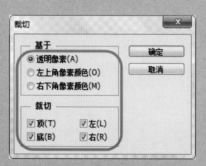

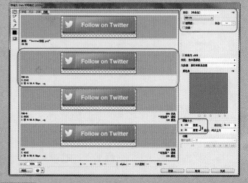

24 ▶ 隐藏背景和其他三只按钮，执行"图像 > 裁切"命令，裁掉按钮周围的透明像素。

25 ▶ 执行"文件 > 存储为 Web 所用格式"命令，对图像进行优化存储。

提问：怎样有效管理数量庞大的图层？

答：在制作一些质感精美的作品时，往往需要用到几十甚至上百个图层，可以使用以下 3 种方法管理和查找图层。

（1）使用快捷键 Ctrl+G 将相关图层编组。

（2）右击图层缩览图前面的眼睛图标，为重要的图层或组定义不同的颜色。

（3）使用"图层"面板最上方的过滤器功能筛选图层。

4.4.4　使用"不透明度"和"填充"

　　图层"不透明度"和"填充"是两个用于调整图像透明度的参数。当图层中只包含像素，不包含任何图像样式时，调整"不透明度"和"填充"的效果是一样的。

　　若图层中包含图层样式，那么调整"不透明度"会同时影响图像像素和图层样式的透明度。若调整"填充"，那么只会影响图像像素的透明度，图层样式不会受影响。

➡ 实例 19+ 视频：制作简洁绿色按钮

　　"不透明度"和"填充"虽然是两个很简单的参数，但使用却极为频繁。下面通过一个按钮来讲解这两个参数在实际操作中的作用。

🏠 源文件：源文件 \ 第 4 章 \ 简洁绿色按钮 .psd

📎 操作视频：视频 \ 第 4 章 \ 简洁绿色按钮 .swf

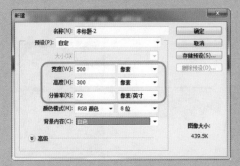

01 ▶ 执行"文件 > 新建"命令，新建一个空白文档。

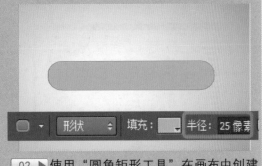

02 ▶ 使用"圆角矩形工具"在画布中创建一个"半径"为 25 像素的圆角矩形。

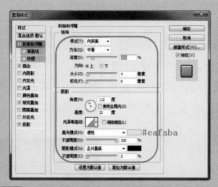

03 ▶ 打开"图层样式"对话框,选择"斜面和浮雕"选项,设置各参数的值。

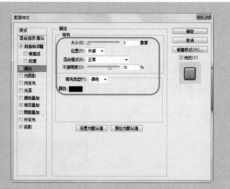

04 ▶ 继续在对话框中选择"描边"选项,设置参数值。

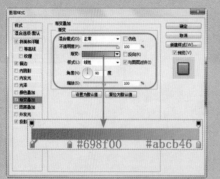

05 ▶ 在对话框中选择"渐变叠加"选项,设置参数值。

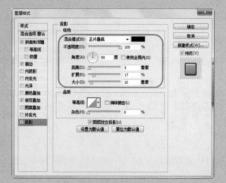

06 ▶ 最后选择"投影"选项,设置参数值。

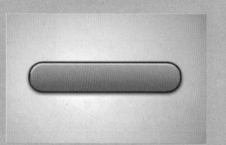

07 ▶ 设置完成后单击"确定"按钮,可以看到按钮效果。

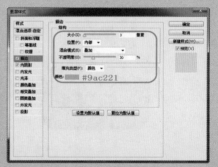

08 ▶ 复制形状,继续打开"图层样式"对话框,选择"描边"选项,设置参数值。

09 ▶ 继续选择"内阴影"选项,适当修改各参数值。

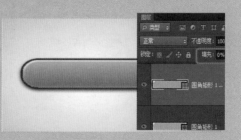

10 ▶ 设置完成后,修改该图层的"填充"为 0%,得到按钮效果。

11 ▶ 使用 "圆角矩形工具" 在按钮上绘制出白色的高光部分。

12 ▶ 执行 "窗口 > 属性" 命令，打开 "属性" 面板，将高光羽化 5 像素。

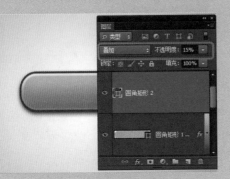

13 ▶ 设置其 "混合模式" 为 "叠加"，"不透明度" 为 15%，使高光更加自然。

14 ▶ 为按钮输入文字，并添加相应的图层样式，得到最终效果。

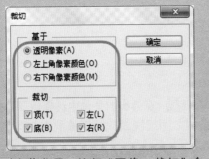

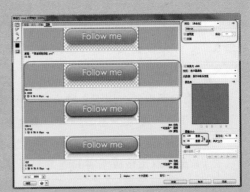

15 ▶ 隐藏背景，执行 "图像 > 裁切" 命令，裁掉按钮周围的透明像素。

16 ▶ 执行 "文件 > 存储为 Web 所用格式" 命令，对图像进行优化存储。

提 示　　执行 "文件 > 存储为 Web 所用格式" 命令后，用户可以在弹出的对话框中选择 "双联" 或 "四联" 选项，同时预览多个格式的存储效果。

17 ▶ 上图分别为该按钮的"图层"面板和具体应用效果。

提问：图层蒙版是什么？应该怎样使用？

答：图层蒙版是用来控制当前图层显示范围的黑白图像。用户可以单击"图层"面板下方的"添加图层面板"按钮为一个图层添加蒙版，然后使用"画笔工具"、"渐变工具"和"填充"命令等工具来编辑蒙版。蒙版中的黑白色表示显示图层中的相应区域；黑色表示隐藏图层中的相应区域。

4.5 使用图层样式

Photoshop 中的"图层样式"功能允许用户通过简单的参数设置为色块添加各种逼真的三维效果，从而使制作出的物体更立体、生动，是制作按钮和图标不可或缺的法宝。这些图层样式包括"斜面与浮雕"、"描边"、"内阴影"、"内发光"、"光泽"、"颜色叠加"、"渐变叠加"、"图案叠加"和"投影"。

4.5.1 调整图层样式

通常用户可以通过以下 3 种方式为图层添加各种图层样式。

（1）使用"图层 > 图层样式"菜单下的各种命令。

（2）单击"图层"面板下方的"添加图层样式"按钮 fx，在弹出的菜单中选择需要的样式。

（3）直接双击相应图层的缩览图部分，在弹出的"图层样式"对话框的左侧列表中选择需要的样式。

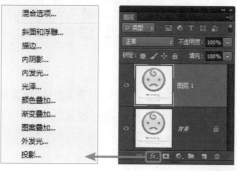

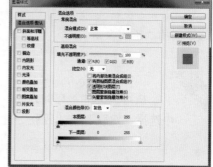

4.5.2 使用"投影"制作阴影效果

"投影"样式可以为图像添加自然的阴影效果，是 UI 设计中比较常用的图层样式之一。执行"图层 > 图层样式 > 投影"命令，弹出"图层样式"对话框，并自动选中"投影"选项。用户可在对话框右侧参数区调整光照角度，投影的颜色、大小、范围和距离等属性。

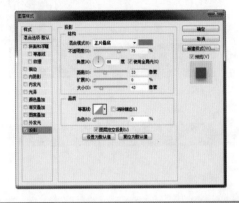
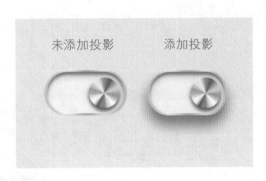

4.5.3 使用"描边"为按钮添加轮廓

"描边"样式用于为形状和图层添加描边，是一个非常简单实用的样式。用户可执行"图层 > 图层样式 > 描边"命令，弹出"图层样式"对话框，并自动选中"描边"选项，然后在右侧参数区设置描边大小、颜色和不透明度等属性。

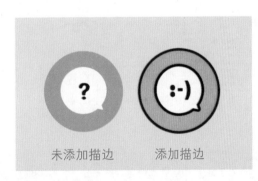

对于形状图层来说，使用"选项"栏中的"描边"和"描边"图层样式都可以为其添加描边效果。两者的区别在于："描边"选项可以设置描边样式，如虚线，"描边"图层样式可以设置"不透明度"和"混合模式"。

➡ 实例 20+ 视频：制作简单可爱的按钮

对于一些立体感逼真、质感精美的按钮来说，仅靠"投影"和"描边"样式是达不到制作需求的，但是制作一些相对简单的图形按钮来说还是可以胜任的。这类风格的按钮和图标适合应用于儿童类的网站。

源文件：源文件 \ 第 4 章 \ 简单可爱的按钮 . psd

操作视频：视频 \ 第 4 章 \ 简单可爱的按钮 . swf

01 ▶ 执 行 " 文件 > 新建 " 命令，新建一个空白文档。

02 ▶ 使用 " 圆角椭圆工具 " 在画布中创建一个 " 半径 " 为 100 像素的圆角矩形。

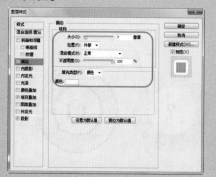

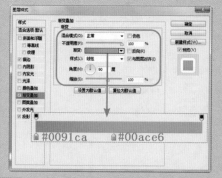

03 ▶ 打开 " 图层样式 " 对话框，选择 " 描边 " 选项，适当设置各参数值。

04 ▶ 继续在对话框中选择 " 渐变叠加 " 选项，设置参数值。

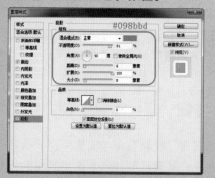

05 ▶ 最后在对话框中选择 " 投影 " 选项，设置参数值。

06 ▶ 设置完成后单击 " 确定 " 按钮，得到按钮效果。

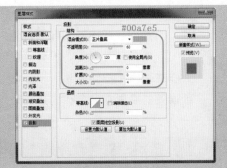

07 ▶打开"字符"面板，设置参数，然后在按钮中输入文字。

08 ▶打开"图层样式"对话框，选择"投影"选项，设置参数值。

09 ▶设置完成后单击"确定"按钮，可以看到文字效果。

10 ▶使用相同的方法制作其他 3 个按钮，得到最终效果。

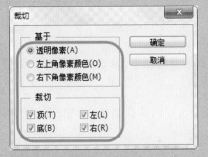

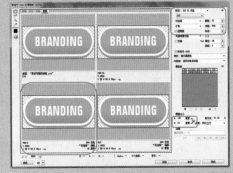

11 ▶隐藏背景和其他三个按钮，执行"图像>裁切"命令，裁掉按钮周围的透明像素。

12 ▶执行"文件 > 存储为 Web 所用格式"命令，对图像进行优化存储。

13 ▶这几款按钮特别适合应用于配色活泼明艳、版式简单的页面，上图为实际应用效果。

提问： "投影"和"描边"有哪些扩展用法？

答： 有时候我们想要实现双描边效果，该如何操作呢？可以使用"投影"样式来模拟描边效果。当设置"距离"和"扩展"均为 0 时，即可得到边缘很硬的投影，完全和描边的效果一样。

4.5.4 使用"斜面和浮雕"制作立体效果

"斜面和浮雕"样式允许用户通过简单的参数设置，为平面色块添加十分逼真的凹陷和凸起效果，从而产生立体感。选中相应图层，执行"图层 > 图层样式 > 斜面和浮雕"命令，即可打开"图层样式"对话框，根据操作需求自定义斜面浮雕参数值。

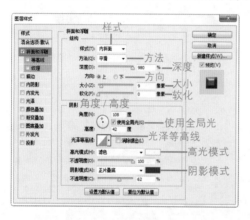

"斜面和浮雕"样式是一个比较重要的样式，被频繁应用于 UI 设计与制作。该样式的参数相对复杂，下面将分别对它们进行讲解。

● **样式**

"样式"选项用于设置斜面和浮雕的方式，下拉列表中包含"外斜面"、"内斜面"、"浮雕效果"、"枕状浮雕"和"描边浮雕"5个选项，最常用的是"内斜面"。

● **方法**

"方法"选项用于设置斜面和浮雕的显示和处理方式，包括"平滑"、"雕刻清晰"和"雕刻柔和"3 种方式。

平滑　　　雕刻清晰 / 雕刻柔和

● **深度**

"深度"选项用于设置凸起和凹陷的幅度，设置的参数值越大，凹凸效果越明显。

● **方向**

当设置"方向"为"上"时将制作图层突出效果；当设置"方向"为"下"时将制作图层下陷效果。

● **角度 / 高度**

这两个选项分别用于设置光源照射的角度和高度，这将对斜面和浮雕效果产生决定性的影响。

用户可以直接在圆盘中反复拨动指针，以试验出更符合需求的效果。

● 使用全局光

若勾选该项，那么该文档中所有包含并勾选该项的图层样式都将自动使用当前光源角度设置。

若要为每个样式单独使用不同的光照角度，那么请取消勾选该项。

● 光泽等高线

"光泽等高线"选项用于设置光泽的生成算法，选用不同的等高线可以产生不同形状的高光，以模拟不同物体的质感。

下图是 Photoshop 内置等高线样式。

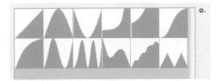

● 高光模式 / 阴影模式

这两个选项用于设置指定的高光和阴影颜色使用何种方式与图层颜色混合，以产生不同的高光阴影效果，作用与图层"混合模式"相同。

➡ 实例 21+ 视频：制作数据统计按钮

一般情况下，单使用"斜面与浮雕"样式很难制作出效果自然逼真的立体感，更多时候还需要"内阴影"和"投影"等样式的配合。下面就通过一个实例来了解各种样式的立体效果具体应该怎样实现。

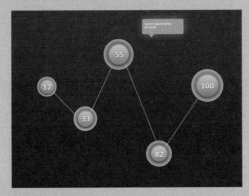

源文件：源文件 \ 第 4 章 \ 数据统计按钮 .psd

操作视频：视频 \ 第 4 章 \ 数据统计按钮 .swf

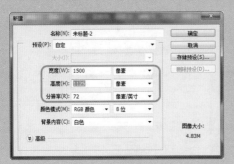

01 ▶ 执行"文件 > 新建"命令，新建一个空白文档。

02 ▶ 使用"椭圆工具"在画布中创建一个白色的正圆。

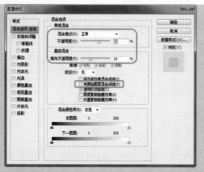

03 ▶打开"图层样式"对话框,选择"混合选项"选项,适当设置各参数值。

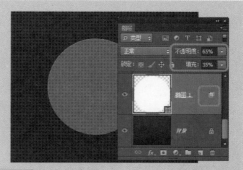

04 ▶设置完成后单击"确定"按钮,得到图形效果。

05 ▶新建图层,填充白色,将其剪切至下方图层,然后使用大号的柔边橡皮擦擦除正圆中间的部分。

06 ▶复制"椭圆1"至图层最上方,将其等比例缩放,然后恢复透明度,在"选项"栏中为其指定新的"填充"。

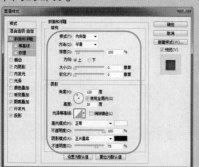

07 ▶打开"图层样式"对话框,选择"斜面和浮雕"选项,适当设置各参数值。

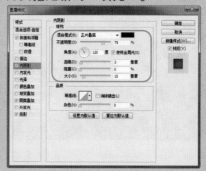

08 ▶继续在对话框中选择"内阴影"选项,设置参数值。

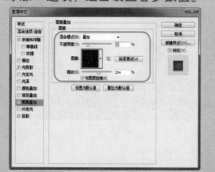

09 ▶继续选择"图案叠加"选项,设置参数值(请载入外部素材图案使用)。

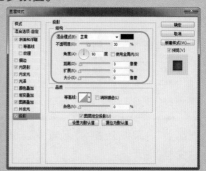

10 ▶最后在对话框中选择"投影"选项,设置参数值。

11 ▶ 设置完成后，可以看到按钮有了一定的立体效果。

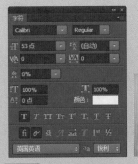

12 ▶ 打开"字符"面板进行相应设置，然后在按钮中央输入数字。

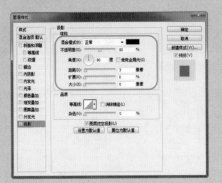

13 ▶ 打开"图层样式"对话框，选择"投影"选项，适当设置参数值。

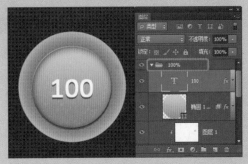

14 ▶ 设置完成后得到文字投影效果，然后将相关图层编组为"100%"。

15 ▶ 在按钮下方新建图层，使用柔边画笔绘制一条白色细线，并修改其"混合模式"为"柔光"，"不透明度"为 70%。

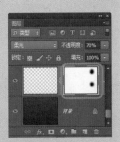

16 ▶ 为该图层添加蒙版，使用黑色柔边画笔涂抹掉线条的两端，制作出射线效果。

这里使用蒙版制作了线条两头渐隐的效果，用户也可以先使用"钢笔工具"绘制出直线路径，在"画笔"面板的"形状动态"选项中设置"大小抖动"控制为"钢笔压力"，然后开启"模拟压力"描边路径。

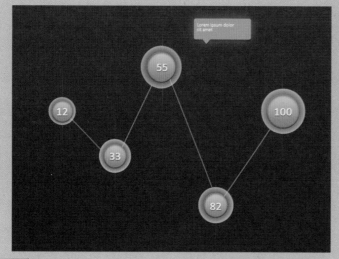

17 ▶ 使用相同的方法制作其他按钮和线条，得到最终效果。

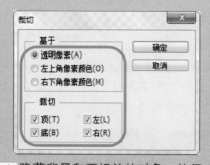

18 ▶ 隐藏背景和不相关的对象，执行"图像>裁切"命令，裁掉按钮周围的透明像素。

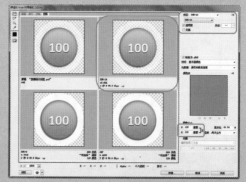

19 ▶ 执行"文件>存储为 Web 所用格式"命令，对图像进行优化存储。

提问：可以将常用的样式组合存储起来吗？

答：用户可以打开"样式"面板，选用 Photoshop 预设的常用样式，还可以使用面板下方的"创建新样式"按钮将当前图层的样式存储起来。

"斜面和浮雕"中默认的"高光模式"为"滤色"，因为它可以过滤掉色彩中的黑色，使颜色大幅变亮，更适合作为高光。相应的阴影的"正片叠底"则可以过滤掉色彩中的白色，使颜色变暗，更适合作为阴影。

4.5.5　使用"内阴影"增加层次

　　"内阴影"样式可以为图像添加向内散发的阴影效果，通常与"斜面和浮雕"样式配合可以制作出简单的水晶质感。若要应用"内阴影"样式，请先选中相应图层，然后执行"图层 > 图层样式 > 内阴影"命令，在弹出的"图层样式"对话框中适当设置各项参数。

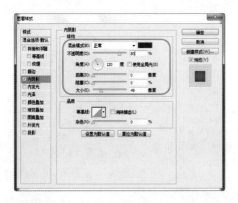

未添加内阴影

添加内阴影

提示　"内阴影"样式包含一个"距离"选项，这决定了最终得到的阴影效果会产生位移。若设置"距离"为0，那么就完全可以把它当做"内发光"使用。类似的"投影"和"外发光"也可以相互转换。

实例 22+ 视频：制作圆形立体按钮

本实例主要制作了一款立体感很强的按钮，其中红色按钮使用"内阴影"样式体现立体感，高光部分是画笔绘制出的。此外实例中还使用到了"变形文字"功能，将一排文字扭曲为上弧形，以贴合弧形的按钮。

源文件：源文件 \ 第 4 章 \ 圆形立体按钮 .psd

操作视频：视频 \ 第 4 章 \ 圆形立体按钮 .swf

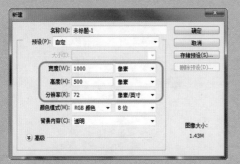

01 ▶ 执行"文件 > 新建"命令，新建一个空白文档。

02 ▶ 为画布填充颜色 #036bce，得到背景效果。

03 ▶ 新建图层，使用白色的柔边画笔适当涂抹画布顶端，制作出亮光效果。

04 ▶ 使用"椭圆工具"在画布右侧创建一个任意颜色的正圆。

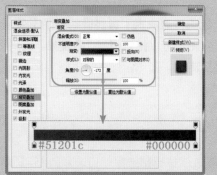

05 ▶ 打开"图层样式"对话框，选择"渐变叠加"选项，设置参数值。

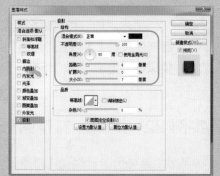

06 ▶ 继续选择对话框中的"投影"选项，设置参数值。

07 ▶ 设置完成后单击"确定"按钮，可以看到正圆效果。

08 ▶ 复制该形状，清除图层样式，将其略微上移，并修改"填充"为 #ae1010。

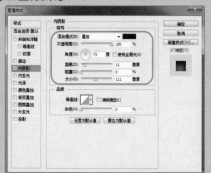

09 ▶ 打开"图层样式"对话框，选择"内阴影"选项，适当设置参数值。

10 ▶ 设置完成后单击"确定"按钮，得到图形效果。

11 ▶ 载入正圆的选区，新建图层，修改其"混合模式"为"叠加"，然后使用白色柔边画笔涂抹出按钮的高光。

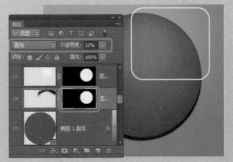

12 ▶ 使用相同的方法略微压暗按钮左上方，制作出阴影。

13 ▶ 使用"钢笔工具"绘制出一大块高光，形状"填充"为 #ff9999。

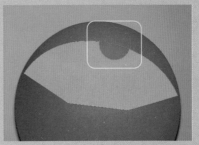

14 ▶ 选择"钢笔工具"，设置"路径操作"为"减去顶层形状"，将高光顶端挖一个孔。

15 ▶ 使用相同的方法制作其他高光部分。

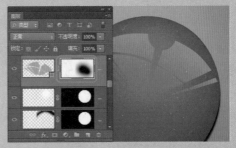

16 ▶ 为该图层添加蒙版，使用黑色柔边画笔涂抹高光下半部分。

17 ▶ 使用"椭圆工具"在按钮下方创建一个"填充"为 #afafb4 的正圆。

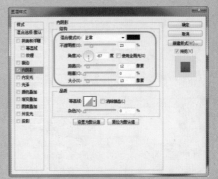

18 ▶ 打开"图层样式"对话框，选择"内阴影"选项，适当设置参数值。

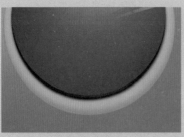

19 ▶ 设置完成后可以看到按钮边框有了一些立体感。

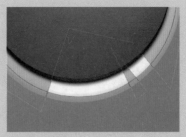

20 ▶ 使用前面制作高光的方法制作出按钮边框的高光。

21 ▶ 为高光添加蒙版，使用黑色柔边画笔适当擦虚高光的边缘。

22 ▶ 载入按钮外框的选区，将其适当缩小，并新建图层，填充黑色。

23 ▶ 使用大号的柔边橡皮擦将黑色两边擦掉一些。

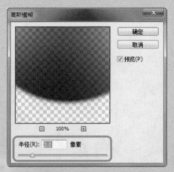

24 ▶ 执行"滤镜 > 模糊 > 高斯模糊"命令，将色块模糊一下。

25 ▶ 设置该图层"不透明度"为 26%，并将其剪切至下方图层，制作出阴影效果。

26 ▶ 载入按钮外框的选区，将其适当缩小，并新建图层，填充黑色。

27 ▶ 使用相同的方法，在按钮最下方制作出投影效果。

28 ▶ 新建图层，使用"矩形选框工具"创建一个选区，并填充白色。

29 ▶ 执行"滤镜＞杂色＞添加杂色"命令，为色块添加一些杂色。

30 ▶ 修改该图层"混合模式"为"柔光"，"不透明度"为 5%，为投影添加一些纹理。

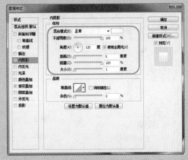

31 ▶ 在"字符"面板中适当设置字符属性，然后在按钮上输入文字，并将其适当旋转。

32 ▶ 打开"图层样式"对话框，选择"内阴影"选项，适当设置参数值。

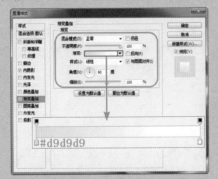

33 ▶ 继续在对话框中选择"渐变叠加"选项，设置参数值。

34 ▶ 设置完成后单击"确定"按钮，得到文字效果。

35 ▶执行"文件 > 变形文字"命令，打开"变形文字"对话框设置参数，对文字进行扭曲。

36 ▶设置完成后单击"确定"按钮，得到文字变形效果。

37 ▶使用相同的方法制作按钮的其他部分，完成制作。

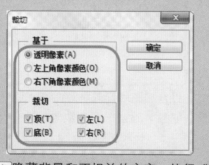

38 ▶隐藏背景和不相关的文字，执行"图像 > 裁切"命令，裁掉按钮周围的透明像素。

39 ▶执行"文件 > 存储为 Web 所用格式"命令，对图像进行优化存储。

提问：可以将常用的样式组合存储起来吗？

答：用户可以打开"样式"面板，选用 Photoshop 预设的常用样式，还可以使用面板下方的"创建新样式"按钮将当前图层的样式存储起来。

4.5.6　使用"内发光"和"外发光"制作发光效果

"内发光"和"外发光"样式可以为形状添加向内和向外发散的发光效果。若要应用"内发光"或"外发光"样式，请先选中相应图层，然后执行"图层 > 图层样式 > 内发光 / 外发光"命令，在弹出的"图层样式"对话框中适当设置各项参数。

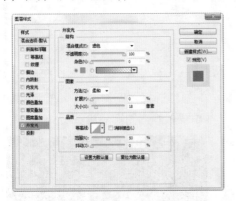

未添加发光　　　　　　添加外发光

➡ 实例 23+ 视频：制作逼真的皮革按钮

本实例主要制作了一款皮革按钮，虽然大体形状比较简单，但包含的小细节比较多。按钮的皮革质感来自于一款皮革纹理，配合"斜面与浮雕"、"内发光"和"描边"等样式建立和完善立体效果，最终得到逼真的皮革质感。

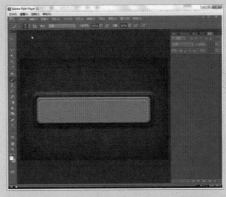

🏠 源文件：源文件 \ 第 4 章 \ 逼真的皮革按钮 . psd　　　🔊 操作视频：视频 \ 第 4 章 \ 逼真的皮革按钮 . swf

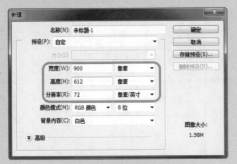

01 ▶ 执行"文件 > 新建"命令，新建一个空白文档。

02 ▶ 使用"矩形工具"，在画布中创建一个任意颜色的形状。

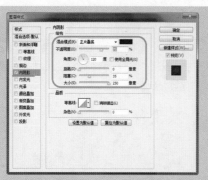

03 ▶ 打开"图层样式"对话框,选择"内阴影"选项,设置参数值。

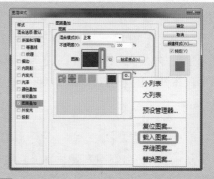

04 ▶ 继续选择"图案叠加"选项,按照图示操作载入外部图案"皮革 .apt"。

05 ▶ 设置完成后单击"确定"按钮,得到图形效果。

06 ▶ 使用"圆角矩形工具"在画布中创建一个"填充"为 #1d1d1d 的形状。

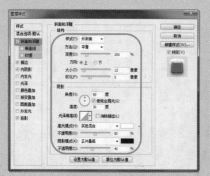

07 ▶ 打开"图层样式"对话框,选择"斜面和浮雕"选项,设置参数值。

08 ▶ 继续选择对话框中的"描边"选项,设置参数值。

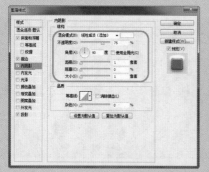

09 ▶ 继续选择对话框中的"内阴影"选项,设置参数值。

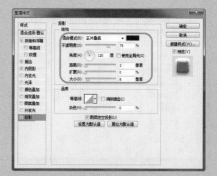

10 ▶ 继续选择对话框中的"投影"选项,设置参数值。

11 ▶ 设置完成后单击"确定"按钮，得到图形效果。

13 ▶ 继续使用"圆角矩形工具"，设置描边颜色为 #d0a563，"描边类型"为虚线，在画布中创建形状。

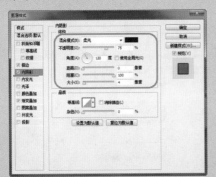

15 ▶ 继续在"图层样式"对话框中选择"内阴影"选项，设置参数值。

17 ▶ 设置完成后修改该图层"填充"为0%，得到补丁效果。

12 ▶ 使用相同的方法完成相似制作。

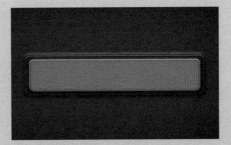

14 ▶ 双击该图层缩览图，在弹出的"图层样式"对话框中选择"描边"选项，适当设置参数值。

16 ▶ 选择对话框中的"渐变叠加"选项，设置参数值。

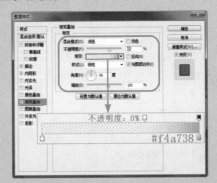

18 ▶ 将相关图层编组，并使用"圆角矩形工具"创建一个"半径"为40像素的形状。

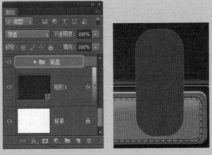

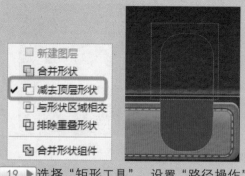

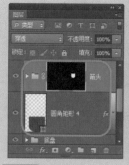

19 ▶ 选择"矩形工具",设置"路径操作"为"减去顶层形状",减掉形状的一半。

20 ▶ 使用"椭圆工具"在画布中创建一个白色的正圆。

21 ▶ 在按钮上输入文字,并添加相应的图层样式,得到最终效果。

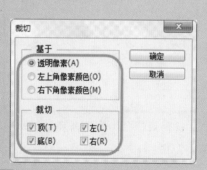

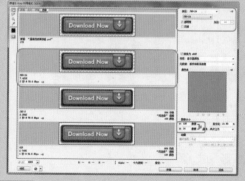

22 ▶ 隐藏背景,执行"图像 > 裁切"命令,裁掉按钮周围的透明像素。

23 ▶ 执行"文件 > 存储为 Web 所用格式"命令,对图像进行优化存储。

提问:圆角矩形创建完成后,还可以修改圆角大小吗?

答:不得不说,这是一个小遗憾。目前 Photoshop 还不支持创建后直接通过参数调整圆角大小,只能一遍一遍地试,或者使用"直接选择工具"一个个调整锚点。

4.6　使用画笔工具细化按钮

在网页设计中，"画笔工具"常被用于处理蒙版，绘制更复杂的明暗效果，或者为按钮添加一些随机的纹理。

4.6.1　使用画笔工具

"画笔工具"的使用方法并不困难，下图是"画笔工具"的"选项"栏。用户可以通过多种参数的设置和组合绘制出不同效果的笔触。

画笔预设 切换画笔面板　　　　模式　　　　不透明度　　　　　　流量

● **画笔预设**

单击该按钮可以打开"画笔预设"面板，用户可在此选择不同形状的笔刷进行绘制。

用户还可以单击面板右上方的 ⚙ 按钮，使用菜单中的各项命令载入更多的预设笔刷或外部笔刷使用。

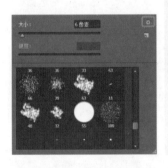

● **切换画笔面板**

单击该按钮，可快速打开"画笔"面板，用户可以在此对画笔进行更加复杂和精细的设置，以绘制出更具随机性和动态效果的笔触。具体内容将在下一小节中讲解。

● **模式**

"模式"选项用于指定使用画笔绘制的颜色如何与下方图层颜色进行混合，与图层"混合模式"的功能相同。

相比较而言，人们还是更喜欢使用图层"混合模式"混合颜色，因为更容易控制效果，而且可以随时修改。

● **不透明度／流量**

这两个参数都可以用来控制画笔绘制的浓度，取值范围为 0%~100%。

➡ 实例 24 + 视频：制作苹果应用商店按钮

用画笔绘制高光对于初学者来说是个挑战。绘制时如果能够使用选区限制高光整体范围，不仅能够降低操作难度，还能使涂抹效果更加准确。

🏠 源文件：源文件 \ 第 4 章 \ 苹果应用商店按钮 . psd　　　📶 操作视频：视频 \ 第 4 章 \ 苹果应用商店按钮 . swf

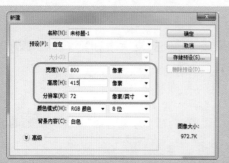

01 ▶ 执行"文件 > 新建"命令，新建一个空白文档。

02 ▶ 使用"圆角矩形工具"在画布中创建一个"半径"为 8 像素的圆角矩形。

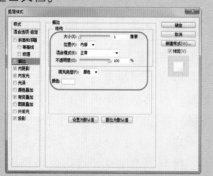

03 ▶ 打开"图层样式"对话框，选择"描边"选项，设置参数值。

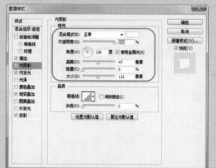

04 ▶ 继续在"图层样式"对话框中选择"内阴影"选项，设置参数值。

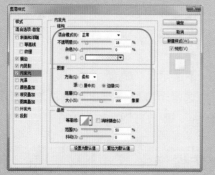

05 ▶ 继续在对话框中选择"内发光"选项，设置参数值。

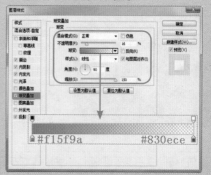

06 ▶ 在对话框中选择"渐变叠加"选项，设置参数值。

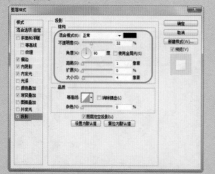

07 ▶ 最后在对话框中选择"投影"选项，设置参数值。

08 ▶ 修改其"混合模式"为"滤色"，"不透明度"为 70%，"填充"为 35%，制作出底座部分。

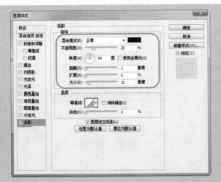

09 ▶ 复制该形状至其下方，打开"图层样式"对话框，选择"投影"选项，并修改相应参数。

10 ▶ 设置完成后，修改该图层"填充"为0%，可以看到底座的投影扩大了一些。

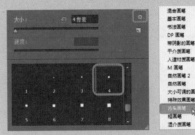

11 ▶ 复制"圆角矩形 1"，删除"投影"样式，并对其形状进行调整。

12 ▶ 使用"画笔工具"，按照图示步骤载入并选择相应的画笔。

13 ▶ 在"圆角矩形 1 副本 2"下方新建图层，使用方头画笔在形状边缘绘制一根黑线，并降低其"不透明度"至 5%。

14 ▶ 打开素材图标"素材\第 4 章\002.jpg"，使用"魔棒工具"将苹果抠出，然后将其拖入文档，适当调整位置和大小。

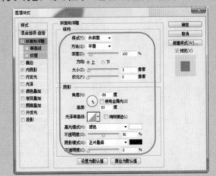

15 ▶ 载入下方形状的选区，然后为苹果图层添加蒙版，使苹果嵌入按钮。

16 ▶ 打开"图层样式"对话框，选择"斜面和浮雕"选项，设置参数值。

提 示

用户可以按下 Ctrl 键单击一个图层的缩览图载入其选区。单击"图层"面板下方的"添加图层面板"按钮可为当前图层添加蒙版。

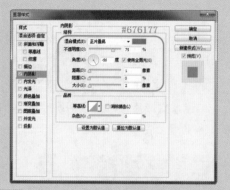

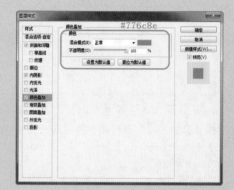

17 ▶继续在对话框中选择"内阴影"选项，设置参数值。

18 ▶在对话框中选择"颜色叠加"选项，设置参数值。

提 示

如果图层中同时包含"颜色叠加"、"渐变叠加"和"图案叠加"中的两个或 3 个，且"混合模式"均为"正常"，"不透明度"均为 100%，那么只有一个可见，优先显示顺序为：颜色叠加 > 渐变叠加 > 图案叠加。

19 ▶设置完成后单击"确定"按钮，可以看到苹果的效果。

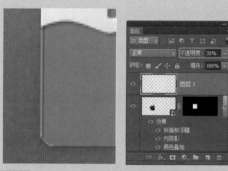

20 ▶新建图层，使用"画笔工具"分别绘制两条黑白线条，并降低"不透明度"。

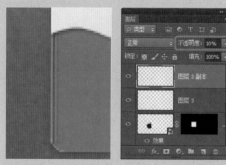

21 ▶复制该图层，将其向右移动 2 像素，然后修改"不透明度"为 10%。

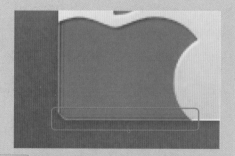

22 ▶使用相同的方法制作出苹果下方细微的凹凸效果——这是为了使质感更精致。

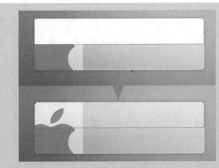

23 ▶ 制作出按钮一半的选区，新建图层，填充白色，调整其"不透明度"为10%。

24 ▶ 再新建图层，使用圆角柔边画笔基于选区涂抹白色，制作出高光效果。

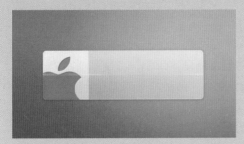

25 ▶ 使用相同的方法制作出其他的高光，这可以使按钮的质感更精致。

26 ▶ 在"字符"面板中适当设置参数，然后在按钮上输入文字。

27 ▶ 为文字添加相应的图层样式，然后将相关的图层编组，完成该按钮的制作。

在制作按钮时，如果需要对一个圆角矩形进行大幅度的拉长或缩短，那么最好使用"直接选择工具"调整锚点的位置，切记不可直接使用快捷键Ctrl+T强制伸缩形状，这会导致圆角严重变形。

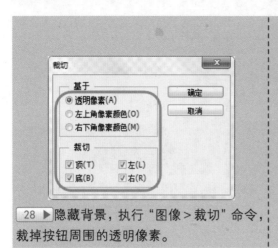

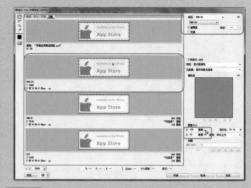

28 ▶ 隐藏背景，执行"图像 > 裁切"命令，裁掉按钮周围的透明像素。

29 ▶ 执行"文件 > 存储为 Web 所用格式"命令，对图像进行优化存储。

提问：如何自定义画笔？如何载入外部画笔？

答：① 用户可以执行"编辑 > 定义画布预设"命令，将整张画布或选区中的图像定义为画笔。如果定义的区域为彩色，那么定义画笔后会变为黑色，而且白色像素将被视作透明像素处理。

② 可以单击画笔选取器右上角的 ✿ 按钮，使用菜单中的"载入画笔"选项浏览并载入外部画笔。

4.6.2　设置画笔预设

单击"画笔工具""选项"栏中的 📑 按钮，可以打开"画笔"面板。该面板中提供了更多的参数，以便用户对画笔形态做更精细的设置。使用这些参数可以非常容易地调试出动态性和随机性很强的笔触，如星星点点的光点和虚线等。下图是光点的设置步骤。

4.7　图像的变换操作

在第 2 章中已经为大家讲解了最基本的变换操作，包括"旋转"和"缩放"。本节将继续讲解其他的变换操作，这些操作有"扭曲"、"透视"、"变形"、"水平翻转"和"垂直翻转"。

4.7.1　图像的翻转

图像的翻转操作包括"水平翻转"和"垂直翻转"，用户可以执行"编辑 > 变换 > 水平翻转 / 垂直翻转"命令对图像进行翻转。

用户也可以直接按快捷键 Ctrl+T ，右击鼠标，使用快捷菜单中的"水平翻转"或"垂直翻转"命令翻转图像。

➡ 实例 25+ 视频：制作音量开关按钮

有时可能需要为同一款按钮设计好几种颜色或花式，在这种情况下，可以只制作其中一个，其他的直接复制调整即可。

🏠 源文件：源文件 \ 第 4 章 \ 音量开关按钮 .psd

📡 操作视频：视频 \ 第 4 章 \ 音量开关按钮 .swf

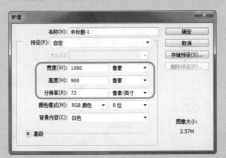

`01` ▶ 执行"文件 > 新建"命令，新建一个空白文档。

`02` ▶ 使用"椭圆工具"在画布中创建一个白色的正圆。

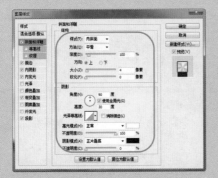

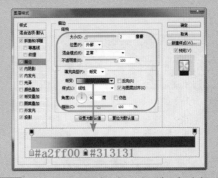

`03` ▶ 打开"图层样式"对话框，选择"斜面和浮雕"选项，设置各参数值。

`04` ▶ 继续在"图层样式"对话框中选择"描边"选项，设置参数值。

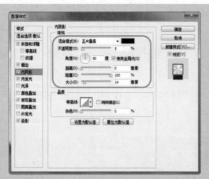

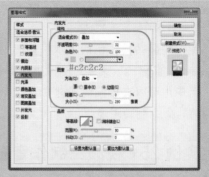

05 ▶ 继续在对话框中选择"内阴影"选项，设置参数值。

06 ▶ 在对话框中选择"内发光"选项，设置参数值。

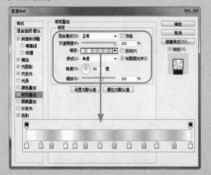

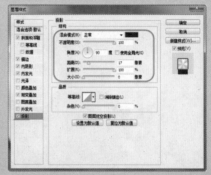

07 ▶ 在对话框中选择"渐变叠加"选项，设置参数值。

08 ▶ 最后在对话框中选择"投影"选项，设置参数值。

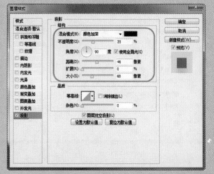

09 ▶ 设置完成后可以看到旋钮的金属质感已经很明显了。

10 ▶ 复制该正圆至其下方，然后打开"图层样式"对话框，选择"投影"选项并调整参数。

11 ▶ 设置完成后，可以看到按钮被添加了自然的阴影效果。

12 ▶ 继续复制该正圆至图层最上方，清除图层样式，并将其等比例缩小。

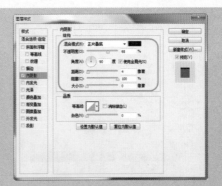

13 ▶ 修改其"填充"为#5f5f5f，然后使用"钢笔工具"添加一个角。

14 ▶ 打开"图层样式"对话框，选择"内阴影"选项，设置参数值。

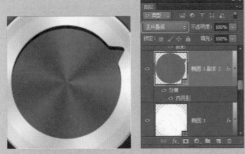

15 ▶ 设置完成后，修改该图层"混合模式"为"正片叠底"，制作出凹槽效果。

16 ▶ 使用相同的方法制作出按钮中心的凸起部分。

17 ▶ 新建图层，载入"椭圆1"的选区，使用柔边画笔为按钮下方涂抹颜色#a2dc6a。

18 ▶ 使用相同的方法绘制出其他发光效果（注意按钮下方还有淡淡的绿色反光效果）。

19 ▶ 使用相同的方法制作按钮中心的文字效果，并将所有的图层编组。

20 ▶ 复制该组，将其移动到合适位置，然后分别对灰色的形状进行垂直和水平翻转。

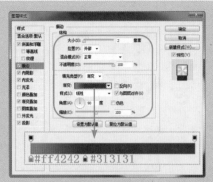

#ff4242 #313131

21 ▶选择该组中的"椭圆1",在"图层样式"对话框中选择"描边"选项并修改参数。

22 ▶设置完成后,可以看到按钮的描边变成了红色。

23 ▶选择绿色的发光,执行"图像>调整>色相/饱和度"命令,适当调整"色相"。

24 ▶单击"确定"按钮,可以看到绿色的发光效果变成了红色。

25 ▶使用相同的方法制作按钮的其他部分,得到最终效果。

提示

　　按钮下方的指示灯有强烈的发光效果,而且发光效果中有轻微的颗粒感,这种效果可以使用"外发光"样式中的"杂色"选项实现。

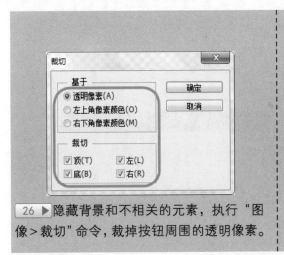

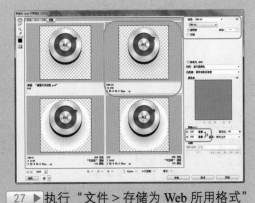

26 ▶ 隐藏背景和不相关的元素，执行"图像 > 裁切"命令，裁掉按钮周围的透明像素。

27 ▶ 执行"文件 > 存储为 Web 所用格式"命令，对图像进行优化存储。

提问：涂抹出的颜色不是想要的效果，该如何调整？

答：如果使用"画笔工具"涂抹出的颜色不是想要的，可以使用"图像 > 调整 > 色相 / 饱和度"命令重新进行调整。

4.7.2　透视和扭曲

执行"编辑 > 变换 > 扭曲"命令，可分别调整变换框的 4 个控制点，从而对图像进行更加自由的变形。

执行"编辑 > 变换 > 扭曲"命令，调整变换框上的一个控制点，与其在同一水平线或垂直线上的另一个控制点也会随之发生变化，从而产生透视的效果。

下图中先创建了一个矩形，然后对其进行透视变形，并调整成上细下粗的效果。将这个形状多次复制，就做成了厨师帽的样子。

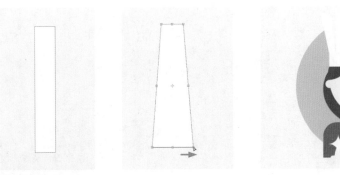

4.7.3　变形

执行"编辑 > 变换 > 变形"命令后，图像上会出现网格状变换框，这个变换框包含 16 个控制点、6 条边和 4 个交叉点，这些元素全部都可以被调整，因此常被用来做大幅度的编辑。

"变形"的"选项"栏中为用户提供了一些常规的变形方式，如扇形、上弧、下弧、旗帜和波浪等。下图为使用"旗帜"将一组直线变形为波浪线的效果。

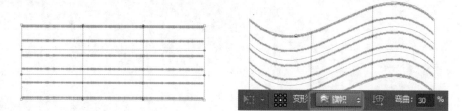

4.8 本章小结

　　本章主要介绍 Photoshop 中图层的相关操作以及画笔的使用技巧。这两项功能在 UI 设计中的地位非常重要，尤其是图层样式。

　　本章的重点是掌握各种图层样式的设置和调整方法，尽可能熟悉 Photoshop 自带的各种画笔。这两点内容掌握得越好，之后的学习和练手就会越轻松。

第5章 钢笔、文字与网站导航

导航条和菜单是网页的重要组成部分，可以帮助用户快速跳转到不同的页面，以搜索自己需要的信息。导航和菜单的制作有很多技巧和需要注意的地方，本章将对这些知识进行讲解。

5.1 导航和菜单的作用

网页中导航条和菜单的主要作用就是帮助用户找到需要的信息。可以概括为以下 3 个方面。

● **引导页面跳转**

网站页面中各种形式与类型的导航和菜单都是为了帮助用户更方便地跳转到不同的页面。

● **定位用户的位置**

导航和菜单还可以帮助用户识别当前页面与网站整体内容的关系，以及当前页面与其他页面之间的关系。

● **理清内容与链接的关系**

网站的导航和菜单是对网站整体内容的一个索引和高度概括，它们的功能就像书本的目录，可以帮助用户快速找到相关的内容和信息。

本章知识点

☑ 参考线的创建

☑ 选区的创建和修改

☑ "减淡工具"和"加深工具"

☑ "钢笔工具"的操作技巧

☑ 文字的创建和编辑

5.2 导航的设计标准

导航是网页中非常重要的引导性元素，可以从利用率、实现度、符合性和有效性 4 个方面来评估一款导航设计是否足够优秀。如果确认导航的设计不合理，就要对其进行优化。

● **利用率**

浏览者通过导航功能浏览不同页面的次数越多，说明导航的利用率越高。

● **实现度**

实现度是指当用户试图使用导航功能时，有多少人真正通过点击导航中的链接进行了下一步操作。

● **符合性**

用户使用导航后的停留时间和任务完成度可以被用来衡量导航的符合度。页面的平均停留时间越短，任务完成度越高，说明导航的符合度越高。

● **有效性**

可以用页面平均停留时间来衡量导航的有效性。用户在每个页面停留的时间越短，说明导航的功能越有效，符合度越高。

5.3 网页设计的辅助操作

　　网页设计不同于其他类型的设计，网页页面中各个元素的大小、颜色，应用的特殊效果和排列方式都对最终成品有着决定性的影响。

　　在使用 Photoshop 进行静态页面制作时，使用参考线辅助对齐是必需的操作，下面就对这些辅助功能进行简单的介绍。

5.3.1 使用标尺

　　执行"视图 > 标尺"命令，或按快捷键 Ctrl+R，即可在文档窗口的上方和左侧各显示出一条标尺。用户可以使用"移动工具"从水平标尺中拖出水平参考线，从垂直标尺中拖出垂直参考线。

　　拖出参考线之后，用户仍然可以移动位置。只需使用"移动工具"移近参考线，待鼠标指针变为 ÷ 状时，拖动参考线至其他位置即可。

5.3.2 创建精确的参考线

　　除了从标尺中自由拖出参考线之外，用户还可以执行"视图 > 新建参考线"命令，弹出"新建参考线"对话框，在该对话框中设置参考线的"取向"和具体的"位置"，以在文档中创建一条精确的参考线。

　　提示　　用户也可以执行"视图 > 显示 > 智能参考线"命令开启智能参考线，这样在鼠标经过文档、形状和图像的边界和中心时，就会自动显示智能参考线，以辅助对齐物体。

在操作过程中，如果觉得参考线对视觉查看造成障碍，可以执行"试图＞显示额外内容"命令，或者按快捷键 Ctrl+H 将其临时隐藏。再次执行相同的操作即可重新显示参考线。

实例 26+ 视频：制作简洁导航菜单

参考线是网页设计必备的辅助工具，主要用来帮助用户规划整体布局或定位对象。本实例就来制作一款简洁雅致的导航下拉菜单，帮助读者更细致地理解参考线在网页制作中的具体使用方法。

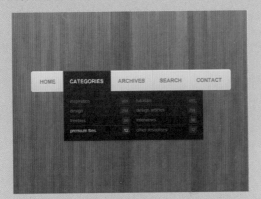

🏠 源文件：源文件 \ 第 5 章 \ 简洁导航菜单 .psd

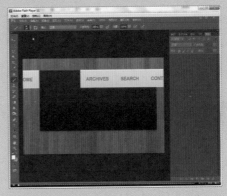

📡 操作视频：视频 \ 第 5 章 \ 简洁导航菜单 .swf

01 ▶ 执行"文件＞打开"命令，打开背景素材"素材 \ 第 5 章 \001.jpg"。

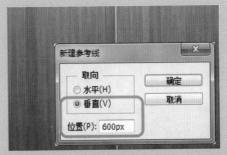

02 ▶ 执行"视图＞新建参考线"命令，在画布正中间创建一个垂直参考线。

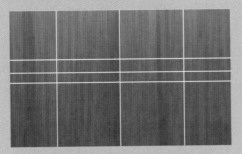

03 ▶ 使用相同的方法，在画布中精确创建其他的参考线。

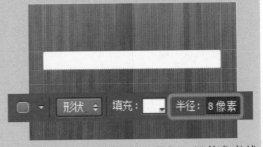

04 ▶ 使用"圆角矩形工具"，沿着参考线创建一个"半径"为 8 像素的圆角矩形。

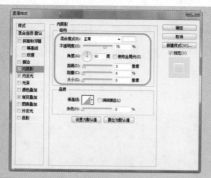

05 ▶ 打开"图层样式"对话框，选择"内阴影"选项，设置参数值。

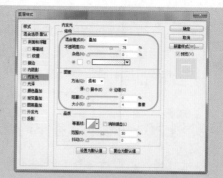

06 ▶ 继续在对话框中选择"内发光"选项，设置参数值。

07 ▶ 继续选择"渐变叠加"选项，适当设置参数值。

08 ▶ 设置完成后单击"确定"按钮，得到导航底座效果。

09 ▶ 在"字符"面板中适当设置字符属性，然后在导航条上输入文字。

10 ▶ 打开"图层样式"对话框，选择"内阴影"选项，适当设置参数值。

11 ▶ 继续在"图层样式"对话框中选择"投影"选项，设置参数值。

12 ▶ 设置完成后单击"确定"按钮，可以看到文字效果。

13 ▶ 使用"直线工具"在文字之间绘制一条"粗细"为 3 像素的白色线条。

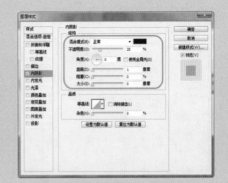

14 ▶ 打开"图层样式"对话框，选择"内阴影"选项，设置参数值。

15 ▶ 设置完成后，修改该图层"填充"为 50%，制作出文字之间的分隔符。

16 ▶ 将该分隔符多次复制，并分别调整到其他文字之间。

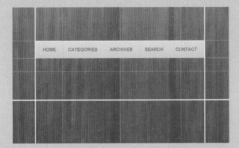

17 ▶ 将全部图层编组为"导航"，然后根据前面讲解过的方法创建更多的参考线。

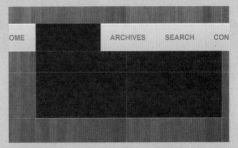

18 ▶ 使用"钢笔工具"，沿着参考线创建出下拉菜单的形状，"填充"为 #222222。

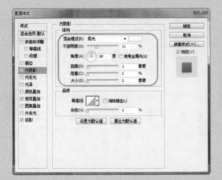

19 ▶ 打开"图层样式"对话框，选择"内阴影"选项，设置参数值。

20 ▶ 继续在"图层样式"对话框中选择"渐变叠加"选项，设置参数值。

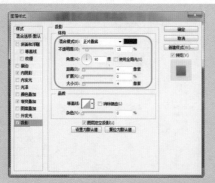

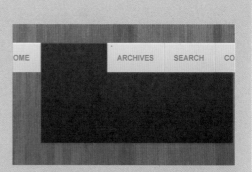

21 ▶ 继续选择"投影"选项，适当设置参数值。

22 ▶ 设置完成后单击"确定"按钮，得到下拉菜单效果。

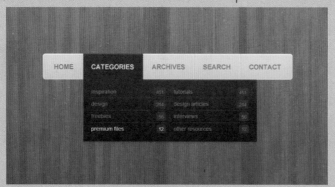

23 ▶ 使用相同的方法制作菜单的其他部分，得到最终效果。

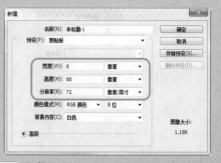

24 ▶ 使用"矩形选框工具"，沿着导航的圆角部分创建选区。

25 ▶ 隐藏背景，执行"编辑 > 合并拷贝"命令，再执行"文件 > 新建"命令。

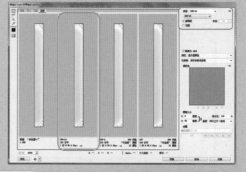

26 ▶ 按快捷键 Ctrl+Shift+V 原位粘贴图像，并隐藏背景。

27 ▶ 执行"文件 > 存储为 Web 所用格式"命令，对图像进行优化存储。

28 ▶ 使用"矩形选框工具"和"单列选框工具"在导航上交叉创建出一个 1 像素宽度的选区，并隐藏背景，将其合并拷贝。

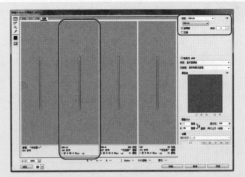

29 ▶ 使用相同的方法新建文档并粘贴图像，然后隐藏背景，执行"文件 > 存储为 Web 所用格式"命令，对其进行优化存储。

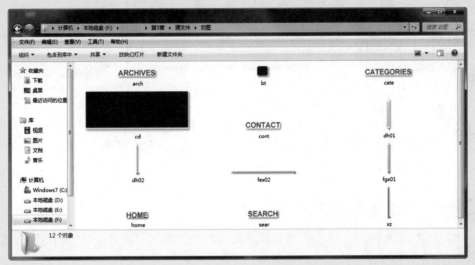

30 ▶ 使用相同的方法，将导航菜单中的其他部分进行分片存储（注意切图时要随时根据需求加入参考线）。

提问：怎样删除、隐藏和锁定参考线？

答：① 用户可以直接将参考线拖出窗口之外，以将其删除。或者执行"试图 > 清除参考线"命令清除画布中的全部参考线。

② 按快捷键 Ctrl+H 可以隐藏 / 显示参考线、路径和选区等附加元素。

③ 执行"视图 > 锁定参考线"命令可将参考线锁定。

5.4　修改选区

选区对于任何形式的设计来说都是很重要的。很多时候，我们往往无法一次创建出完全符合操作需求的选区，这就需要对选区进行进一步的加工和修改。本节就来学习一下修改选区的各种方法，包括羽化选区和收缩 / 扩展选区。

5.4.1 羽化选区

羽化选区就是为选区边缘添加虚化效果，使填充到选区的图像或颜色产生柔和渐隐的效果，这种操作方式常被用来制作物体的投影、高光和其他光影效果。下面是使用"羽化"功能制作投影的具体操作步骤。

（1）使用"椭圆选框工具"在物体下方创建一个选区。

（2）执行"选择 > 修改 > 羽化"命令，弹出"羽化选区"对话框，设置合适的"羽化半径"参数值。

（3）单击"确定"按钮，为选区填充黑色，然后适当调整投影的透明度和形状。

> **提示**　若设置的"羽化半径"大于或等于选区半径（例如将一个 100X100 像素的选区羽化 60 像素），那么选区将不可见，但它仍然存在，并且可以参与到操作中。

5.4.2 扩展 / 收缩选区

Photoshop 还允许对选区进行精确扩展和收缩，这是对"变换选区"命令的补充。在对一些比较复杂的选区进行等比例缩放时，使用"扩展 / 收缩选区"命令比使用"变换选区"命令更简单有效。下面仅以收缩选区为例讲解具体操作步骤。

（1）在图像中创建选区，并执行"选择 > 修改 > 收缩"命令，弹出"收缩选区"对话框，设置合适的"收缩量"。

（2）单击"确定"按钮，得到选区收缩效果（橙色为收缩效果）。

（3）如果选区的收缩幅度过大，得到的选区品质会明显降低（矩形选框不会出现这种问题，无论如何收缩扩展，都是准确的矩形）。

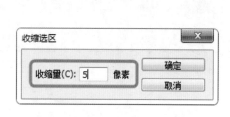
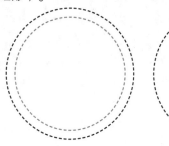
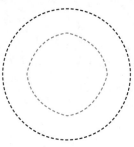

5.5 加深和减淡修饰

"加深工具" 和 "减淡工具" 可以分别针对图像的阴影、中间调和高光部分进行加深和减淡，从而达到创建或强化物体立体感的目的。

　　虽然使用这两种工具处理出的立体效果要逊色于图层样式和画笔，但对于那些没有手绘功底的用户来说，仍具有很高的实用价值。

5.5.1　加深工具

　　单击工具箱中的"加深工具"按钮 ，即可在上方的选项栏中显示相应的参数。用户可以根据具体操作需要设置工具属性，下面仅对其中几个重要参数进行讲解。

　　范围　　　　　　　　　　　曝光度　　　　　　　　　　保护色调

● **范围**

　　"范围"选项用于设置加深的颜色范围，下拉列表中有"中间调"、"阴影"和"高
光"3个选项。下面分别为对图像的高光范围和阴影范围进行加深的效果。

原始效果　　　　　　　　　加深高光　　　　　　　　　加深阴影

　　从上图可以看出，当设置"范围"为"高光"加深图像时，图像中的中间调和阴影部分不会受到影响。当设置"范围"为"阴影"加深图像时，图像中的中间调和高光部分不会受到影响。

● **曝光度**

　　该选项用于设置"加深工具"涂抹的浓度，参数值设置得越大，加深效果越明显。

● **保护色调**

　　若勾选该项，则在保留图像基本色彩的前提下进行加深；若取消勾选该项，则直接降低图像的明度。

5.5.2　减淡工具

　　单击工具箱中的"减淡工具"按钮 ，会在界面上方的选项栏中显示相应的参数。"减淡工具"与"加深工具"选项栏中的参数完全相同，这里不再赘述。

　　在使用"减淡工具"时按下 Alt 键，可临时切换为"加深工具"进行操作，松开 Alt 键即可重新切换为"减淡工具"。使用"加深工具"时按下 Alt 键也可临时切换到"减淡工具"。

实例 27+ 视频：制作创意音乐网站菜单

本实例主要制作了一款美观时尚且创意感十足的音乐网站歌曲播放列表，其中使用"减淡工具"和"加深工具"来处理播放进度按钮的明暗效果。处理时要注意正确设置"范围"，否则使用这两个工具不会有任何效果。

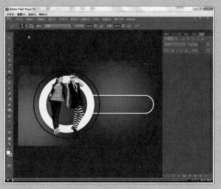

源文件：源文件 \ 第 5 章 \ 创意音乐网站菜单 .psd　　　操作视频：视频 \ 第 5 章 \ 创意音乐网站菜单 .swf

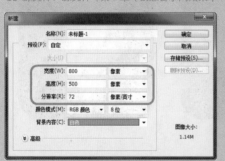

01 ▶ 执行"文件 > 新建"命令，弹出"新建"对话框，创建一张空白画布。

02 ▶ 在画布中创建一个正圆选区，新建图层，并填充白色。

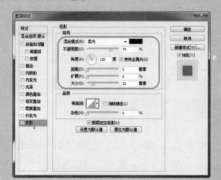

03 ▶ 再在正圆中心创建一个较小的选区，按 Delete 键删除选区内的图像。

04 ▶ 打开"图层样式"对话框，选择"投影"选项，设置参数值。

提示

用户也可以直接载入正圆的选区，然后执行"选择 > 变换选区"命令，按下 Shift+Alt 键将选区等比例缩小，然后删除选区内的图像。

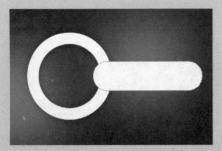

05 ▶使用"圆角矩形工具"创建一条路径，将其转换为选区，新建图层，填充白色。

06 ▶执行"选择 > 修改 > 收缩"命令，将选区收缩 5 像素，并删除选区内的图像。

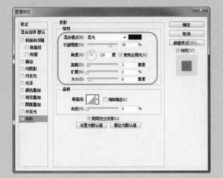

07 ▶打开"图层样式"对话框，选择"投影"选项，设置参数值。

08 ▶设置完成后单击"确定"按钮，并擦除超出大圆环的部分。

09 ▶将人物素材"素材 \ 第 5 章 \002.png"拖入设计文档中，并适当对其进行设置。

10 ▶使用相同的方法，制作白色圆环外面的另一个较细圆环。

11 ▶使用"多边形套索工具"框选圆环的左半部分，然后为该图层添加蒙版。

12 ▶使用前面讲解过的方法制作圆环上的按钮。

13 ▶ 使用"减淡工具",在选项栏中适当设置参数,然后处理出按钮的明暗效果。

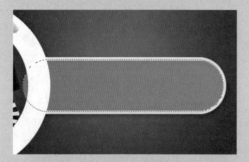

15 ▶ 在白色圆环下方新建图层,然后使用"圆角矩形工具"创建一条路径,转为选区,并填充任意色。

17 ▶ 设置该图层"混合模式"为"柔光","填充"为 0%,并擦除不需要的部分。

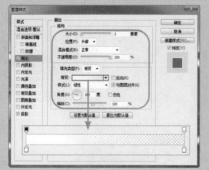

19 ▶ 打开"图层样式"对话框,选择"描边"选项,设置参数值。

14 ▶ 在"字符"面板中适当设置字符属性,然后在人物下方输入文字。

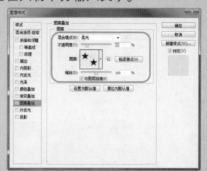

16 ▶ 打开"图层样式"对话框,选择"图案叠加"选项,设置参数值(请载入外部图案素材"星星 .apt")。

18 ▶ 在画布中输入两排文字,并分别在"字符"面板中修改字符属性。

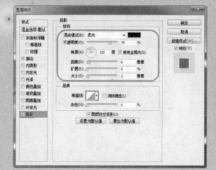

20 ▶ 继续在对话框中选择"投影"选项,设置参数值。

21 ▶ 设置完成后单击"确定"按钮，得到文字效果。

22 ▶ 使用相同的方法输入歌单文字，并将两个文字图层编组为"文字"，制作完成。

23 ▶ 接下来开始对菜单进行切片存储。按快捷键 Ctrl+R 显示标尺，不断拖出参考线对菜单中的各个元素进行精确定位。

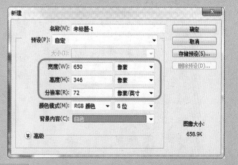

24 ▶ 隐藏背景、文字和橙色按钮，使用"矩形选框工具"沿着参考线框选整个菜单。

25 ▶ 按快捷键 Ctrl+Shift+C 合并拷贝选区内的图像，并按快捷键 Ctrl+N 新建文档，新文档尺寸将自动跟踪选区大小。

提示

　　如果创建了白色背景的文档，那么将合并拷贝的图像粘贴到新文档中后，一定要先隐藏背景再进行优化存储。

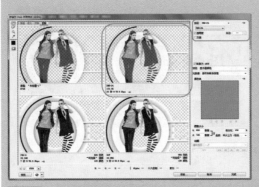

26 ▶ 按快捷键 Ctrl+N 粘贴图像，然后执行 "文件 > 存储为 Web 所用格式" 命令，对其进行优化。

27 ▶ 设置完成后单击对话框下方的 "存储" 按钮，对图像进行存储。

28 ▶ 使用相同的方法框选并优化存储按钮。

29 ▶ 使用相同的方法框选并优化存储文字。

30 ▶ 至此完成创意音乐网站菜单的全部制作过程，上图为该菜单的实际应用效果。

提问：为什么有时用"减淡／加深工具"涂抹图像没有效果？

答：① 将"曝光度"设置成了 0%。

② "范围"设置的不对，如果要加深减淡阴影区域，却将范围设置为"高光"，就不会有任何效果。

③ 如果要加深纯白色，或减淡纯黑色，请取消勾选"保护色调"。

5.6　使用钢笔工具绘制精确的形状

在 Photoshop 中，"钢笔工具"能够绘制精度最大的路径，因此被频繁应用于绘制各种不规则的形状和选区。在制作一些较为复杂的作品时，形状和线条的精度往往会直接影响最终效果，所以熟练掌握"钢笔工具"的操作技巧是绝对有必要的。

5.6.1　使用钢笔工具

单击工具箱中的"钢笔工具"按钮，上方的选项栏中会显示相应的参数。"钢笔工具"与其他形状工具的选项参数大致相同，下面仅对该工具特有的几个参数进行介绍。

● **橡皮带**

单击选项栏中的 按钮，即可打开"橡皮带"选项。

若勾选该项，则在移动光标时会显示一条虚拟的路径，方便用户在添加锚点之前预先查看路径形状。

● **自动添加／删除**

若勾选该项，使用"钢笔工具"单击一个锚点可将其删除，使用"钢笔工具"单击路径，可在当前位置添加新的锚点。

如果不勾选"自动添加／删除"选项，就需要切换到"添加锚点工具"和"删除锚点工具"来完成锚点的添加和删除。

下面是使用"钢笔工具"绘制路径的操作步骤。

（1）使用"钢笔工具"，在画布中单击确定第 1 个锚点。

（2）继续在其他位置单击确定第 2 个锚点，不要松开鼠标，反复拖动鼠标调整路径的形状，直至获得满意的效果。

（3）按下 Alt 键单击当前锚点，可以看到路径的去向被删除了，这意味着原来的平滑点被转换为角点了。

（4）继续添加其他锚点，直至形状绘制完成。

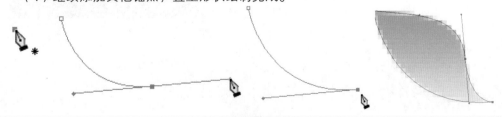

Photoshop 中的路径是通过锚点连接的，锚点又分为平滑点和角点。平滑点可以形成平滑的曲线，角点则形成折线。

➡ 实例 28+ 视频：制作复古导航条

本实例主要制作了一款配色和样式都比较复古的网站导航条，其中使用"钢笔工具"绘制了导航两侧不规则的形状。制作过程中要注意精确对齐各个元素。

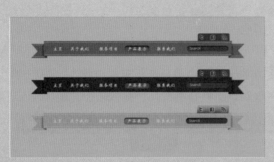

🏠 源文件：源文件 \ 第 5 章 \ 复古导航条 . psd

📡 操作视频：视频 \ 第 5 章 \ 复古导航条 . swf

`01` ▶ 执行"文件 > 新建"命令，弹出"新建"对话框，创建一张空白画布。

`02` ▶ 使用"矩形工具"在画布中创建一个"填充"为 #883c15 的矩形。

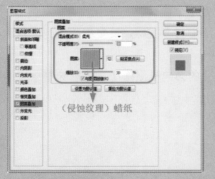

`03` ▶ 打开"图层样式"对话框，选择"图案叠加"选项，设置参数值。

`04` ▶ 设置完成后单击"确定"按钮，可以看到图形中添加了一些纹理。

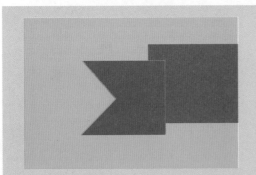

05 ▶ 使用"钢笔工具"在矩形下方创建一个相同颜色的形状。

06 ▶ 直接按下 Alt 键，在"图层"面板中将矩形的图层样式拖动复制到该形状。

07 ▶ 使用"钢笔工具"绘制出黑色折叠部分，并修改其"不透明度"为 50%。

08 ▶ 新建图层，使用黑色柔边画笔涂抹出阴影，并修改其"透明度"为 33%。

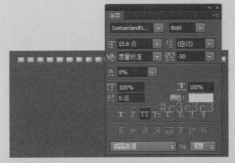

09 ▶ 使用相同的方法，制作出另一侧，并将所有图层编组为"底"。

10 ▶ 打开"字符"面板，适当设置字符属性，然后输入虚线（一个减号一个空格）。

11 ▶ 多次复制虚线，并调整至导航的其他位置。

12 ▶ 打开"字符"面板，设置字符属性，然后在导航中间输入文字。

13 ▶ 使用"圆角矩形工具"在文字下方创建一个"填充"为 #444444 的圆角矩形。

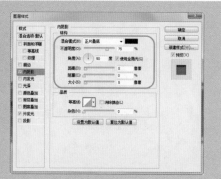

14 ▶ 打开"图层样式"对话框，选择"内阴影"选项，设置参数值。

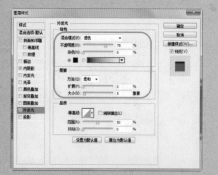

15 ▶ 继续在对话框中选择"外发光"选项，设置参数值。

16 ▶ 设置完成后单击"确定"按钮，得到文本选中效果。

17 ▶ 使用相同的方法完成其他部分的制作，并将图层分类编组。

18 ▶ 按快捷键 Ctrl+R 显示标尺，然后不断加入参考线，精确定位导航中的各个元素。

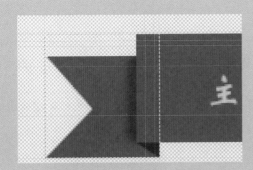

19 ▶ 隐藏背景和虚线，使用"矩形选框工具"选择导航左侧的部分。

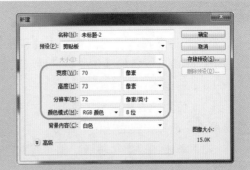

20 ▶ 按快捷键 Ctrl+Shift+C 合并拷贝图像，再按快捷键 Ctrl+N 新建文档。

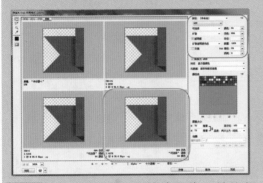

21 ▶ 按快捷键 Ctrl+V 粘贴图像，并执行"文件 > 存储为 Web 所用格式"命令对图像进行优化存储。

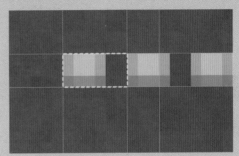

22 ▶ 显示虚线，隐藏之外的所有元素，使用"矩形选框工具"框选一截虚线（这里为了方便观察效果，显示了导航背景）。

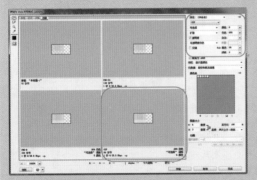

23 ▶ 新建文档，粘贴图像，使用相同的方法优化存储图像。

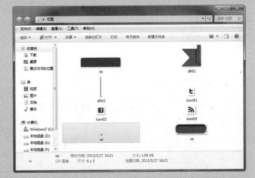

24 ▶ 使用相同的方法分片存储导航中的其他部分，操作完成。

提问：路径绘制完成后还能再修改吗？

答：可以。路径绘制完成后，用户还可以使用"直接选择工具" 逐个选中每个锚点，通过调整控制手柄来影响路径的形状。此外，还可以使用"路径选择工具" 选中整条路径进行移动或缩放。

5.6.2　路径与选区的转换

路径和选区都属于网页设计中比较重要的功能。在 Photoshop 中，可以非常方便地将二者进行转换，以增加操作的灵活性。下面是将路径转为选区的具体步骤。

（1）在画布中创建路径。

（2）使用"直接选择工具"、"路径选择工具"或"钢笔工具"右击画布，在弹出的快捷菜单中选择"建立选区"命令，在"建立选区"对话框中适当设置参数。

（3）单击"确定"按钮，即可将路径转换为选区。

　　提　示　　如果转选区时要为选区应用"羽化"选项，或者要将该选区与其他选区进行计算，那么就需要使用"建立选区"命令来转换，否则请直接使用快捷键 Ctrl+Enter 将路径转为选区。

将选区转为路径的操作也非常简单，下面是具体操作步骤。

（1）在画布中创建选区。

（2）按下 Alt 键，单击"路径"面板下方的"从选区生成工作路径"按钮，在"建立工作路径"对话框中设定"容差"值。

（3）单击"确定"按钮，即可将选区转换为路径。

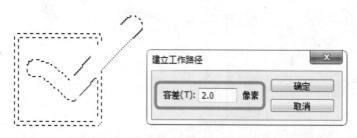
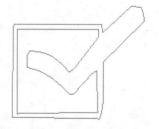

"建立工作路径"对话框中的"容差"选项用于控制所要生成的路径与选区的贴合程度，参数值设置的越小，路径与选区的贴合程度越高，相应生成的锚点也会越多。参数设置的越大，得到的路径越粗糙，但会生成相对较少的锚点。

5.6.3　使用画笔描边路径

因为"钢笔工具"可以绘制高精度的路径，所以常被用来创建复杂的选区。实际上，同样可以借用"钢笔工具"的这一特性，通过"用画笔描边路径"功能来帮助绘制高精度的线条。下面是使用画笔描边路径的具体操作步骤。

（1）使用"钢笔工具"绘制路径。

（2）按下 Alt 键，单击"路径"面板下方的"用画笔描边路径"按钮，打开"描边路径"对话框，选择"工具"为"画笔"。

（3）单击"确定"按钮，即可使用"画笔工具"沿着路径描边（若有需要，请在执行该操作之前设置画笔）。

● 工具

"工具"选项是用于设置描边路径的工具，下拉列表中包括"铅笔"、"画笔"、"橡皮擦"、"加深工具"和"减淡工具"等。

● 模拟压力

勾选该项可以描绘出末端渐隐的线条效果。

> 用户也可以先使用各种矢量绘图工具创建路径，并保持路径被选中，然后转到"画笔工具"进行设置，按下 Enter 键即可快速描边路径。

⇨ 实例 29+ 视频：制作帅气游戏网站导航

本实例制作了一款帅气的游戏网站导航，这款导航是直接"嵌"在网页背景中的，所以将 Banner 也一并制作了。在制作过程中使用画笔描边路径功能略微强化了一下导航边缘，使其更有质感。

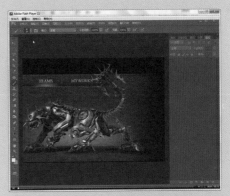

🏠 源文件：源文件 \ 第 5 章 \ 帅气游戏网站导航 . psd

📡 操作视频：视频 \ 第 5 章 \ 帅气游戏网站导航 . swf

01 ▶ 执行"文件 > 新建"命令，新建一个空白文档。

02 ▶ 为背景填充黑色，然后将纹理素材"素材 \ 第 5 章 \004.jpg"拖入到文档正中央。

03 ▶ 使用"钢笔工具"在纹理上方勾画出导航的轮廓。

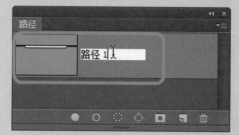

04 ▶ 打开"路径"面板，双击该路径缩览图，将其存储（之后会反复用到它）。

05 ▶ 载入该路径的选区，为纹理添加蒙版，使用黑色柔边画笔沿着选区下边缘涂抹。

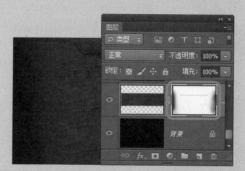

06 ▶ 取消选区，继续使用黑色柔边画笔涂抹整个纹理的左右两侧。

07 ▶ 选中刚刚存储的路径，新建图层，切换到画笔进行设置，并按 Enter 键描边路径。

08 ▶ 设置该图层"混合模式"为"柔光"，并为其添加蒙版，处理出两端渐隐的效果。

09 ▶ 新建图层，使用"直线工具"分别在导航条中绘制一黑一白两条直线。

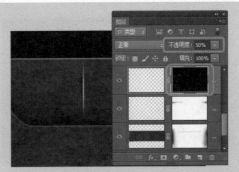

10 ▶ 为其添加蒙版，使用黑白径向渐变填充画布，并降低其"不透明度"为 50%。

11 ▶ 使用相同的方法复制出其他几条分隔线，并将它们编组。

12 ▶ 打开"字符"面板，设置字符属性，并在分隔线图层下方输入文字。

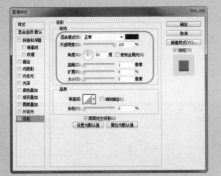

13 ▶ 打开"图层样式"对话框，选择"投影"选项，设置参数值。

14 ▶ 设置完成后单击"确定"按钮，得到文字投影效果。

15 ▶ 使用相同的方法制作其他文字。

16 ▶ 使用前面讲解过的方法，分别在导航上方和白色文字下方绘制一条渐隐的线条。

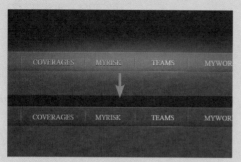

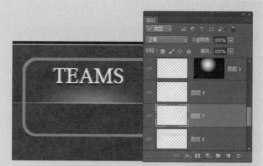

17 ▶ 在线条下方新建图层，使用柔边画笔在导航上涂抹颜色#e5b106，然后设置其"混合模式"为"叠加"。

18 ▶ 使用相同的方法为白色文字下方添加发光效果，制作出被选中的效果。

19 ▶ 将外部素材"素材 \ 第 5 章 \005.psd"拖入设计文档中，得到最终导航效果。

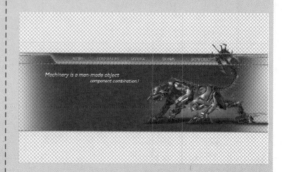

20 ▶ 接下来对页面进行切片。按快捷键 Ctrl+R 显示标尺，然后拖出参考线，对页面进行分割。

21 ▶ 关闭导航中的发光效果，关闭背景、背景中的按钮和不带图层样式的文字，使用"矩形选框工具"框选背景部分。

提示　　对页面进行切片存储时，如果页面中的文字是比较普通的字体，且没有任何特殊效果，就不必切出，后期制作网页时可以轻松实现。如果文字带有特殊效果，如图层样式和变形文字等，就需要单独切出。

22 ▶执行"编辑 > 合并拷贝"命令，再执行"文件 > 新建"命令，新文档的尺寸会自动跟踪选区的尺寸。

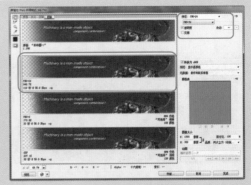

23 ▶将拷贝的部分粘贴到新文档，然后执行"文件 > 存储为 Web 所用格式"命令，对图像进行优化存储。

24 ▶优化完成后，单击对话框下方的"存储"按钮，将背景图像存储为"bg.png"。

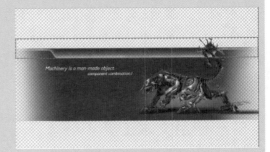

25 ▶返回原始文档，关闭导航上的文字和各分隔线，然后将导航部分框选，并使用相同的方法对其进行优化存储。

26 ▶显示导航中的一个单词，使用"矩形选框工具"将其框选。

27 ▶按快捷键Ctrl+Shift+C将其合并拷贝，新建文档，并将该文字图层拖入新文档。

28 ▶按快捷键 Ctrl+Shift+Alt+S，打开"存储为 Web 所用格式"对话框，对文字进行优化存储。

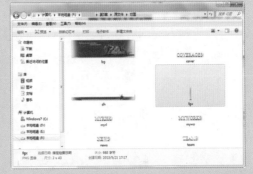

29 ▶使用相同的方法优化存储其他文字和分隔线（不带样式的文字可在后期网页制作时实现，带图层样式的需要单独切出）。

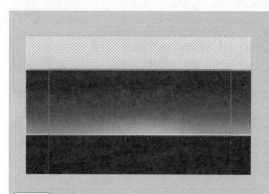

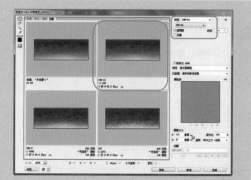

30 ▶ 显示导航中的黄色光线效果，使用"矩形选框工具"沿着参考线创建选区。

31 ▶ 继续使用"存储为 Web 所用格式"命令对图像进行优化存储。

 提问

提问：勾选"模拟压力"描边为什么没效果？

答：默认设置下，在"描边路径"对话框中勾选"模拟压力"后应该得到射线状的线条效果。如果仍然得到两头一样粗的线条，请在"画笔"面板的"形状动态"选项卡中设置"大小抖动"控制为"渐隐"。

5.7 使用文本工具

在 Photoshop 中，"钢笔工具"能够绘制精度最大的路径，因此被频繁应用于绘制各种不规则的形状和选区。在制作一些较为复杂的作品时，形状和线条的精度往往会直接影响最终效果，所以熟练掌握"钢笔工具"的操作技巧是绝对有必要的。

5.7.1 输入文本

在 Photoshop 中，用户可以使用"横排文字工具"、"直排文字工具"、"横排文字蒙版工具"和"直排文字蒙版工具"在文档中输入文字或文字选区，下面仅以最常用的"横排文字工具"为例讲解具体操作步骤。

（1）使用"横排文字工具"在画布中单击，插入输入点。

（2）输入需要的文字。

（3）输入完成后单击选项栏右侧的 ✓ 按钮，提交输入效果。

输入完成后，如果要对部分文字进行修改，请直接使用"横排文字工具"在画布中拖动选中需要的文字，重新输入新的内容，然后提交即可。

5.7.2　设置文本

　　网页中最主要的元素就是图片和文字。为了整个版面的美观性和协调性，我们往往需要对页面中的文字进行各种设置，使其更符合整个页面的主题。通常这些工作会在"字符"面板中进行。

　　执行"窗口 > 字符"命令，或在任何文字工具的激活状态下按快捷键Ctrl+T，即可打开"字符"面板。

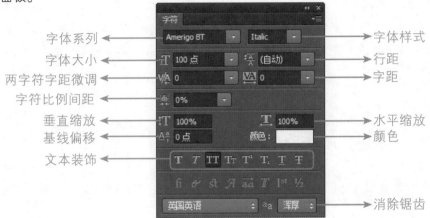

字体系列　→　Amerigo BT　Italic　←　字体样式
字体大小　→　100 点　(自动)　←　行距
两字符字距微调　→　0　0　←　字距
字符比例间距　→　0%
垂直缩放　→　100%　100%　←　水平缩放
基线偏移　→　0 点　颜色：　←　颜色
文本装饰　→
英国英语　浑厚　←　消除锯齿

● **字体系列**

　　"字体系列"选项用于设置当前文本的字体，可在下拉列表中找到安装到计算机上的所有字体。

● **字体样式**

　　"字体样式"选项用于选择所选字体系列的样式，包括"常规"、"粗体"、"斜体"和"粗斜体"等，具体选项会根据所选字体系列的不同而不同。

● **字体大小**

　　该选项用于设置文字的大小，可直接在文本框中输入具体的数值。参数设置的越大，最终得到的文字也越大。

● **行距**

　　该选项用于设置两行文字的间距，设置的参数值越大，两行文字离得越远。

● **两字符字距微调**

　　该选项用于调整特定字符之间的间距，可直接输入数值，或在下拉列表中选择相应的选项。

● **字距**

　　该选项用于设置文字的字距，设置的

参数值越大，字符之间的距离越远。

● **字符比例间距**

　　使用该选项可按固定的百分比减少字符周围的空白，字符本身不会发生变化。

● **垂直缩放 / 水平缩放**

　　"垂直缩放"和"水平缩放"选项用于对文字进行垂直方向或水平方向的缩放，从而使文字变得更瘦或更宽。

● **基线偏移**

　　该选项可以实现文字基于基线上下偏移位置的效果。

　　当设置参数为正值时，文字向上偏移；当设置参数为负值时，文字向下偏移。

基线

● **颜色**

　　"颜色"选项用于指定文字的颜色，

可直接单击色块，在打开的"拾色器"对话框中选取颜色。

标""、"下标""、"下划线""和"删除线""。

● 文本装饰

这 8 个按钮用于为文字添加各种装饰效果，包括"仿粗体""、"仿斜体""、"全部大写字母""、"小型大写字母""、"上

● 消除锯齿

该选项下拉列表中提供了 5 种字体平滑方式，分别为"无"、"锐利"、"犀利"、"浑厚"和"平滑"。

> **提示** 　默认情况下，"字体系列"列表中的字体总是以很小的缩览图显示字体，给字体选择带来很大的不便。用户可以执行"文字 > 字体预览大小"命令将字体预览效果放大。

➡ 实例 30+ 视频：制作时尚导航菜单

本实例制作了一款时尚美观的导航条，导航大体为规则的圆角矩形，选中的菜单项呈现蓝色，右侧有半透明水晶质感的搜索框。制作时要注意体现导航底座部分的光影效果，还要注意斜纹纹理的制作。

源文件：源文件 \ 第 5 章 \ 时尚导航菜单 . psd

操作视频：视频 \ 第 5 章 \ 时尚导航菜单 . swf

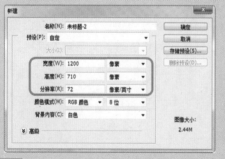

01 ▶ 执行"文件 > 新建"命令，弹出"新建"对话框，创建一张 1200×710px 的空白画布。

02 ▶ 使用"圆角矩形工具"在画布中创建一个"半径"为 2 像素的路径，然后将其转为选区，新建图层，填充任意色。

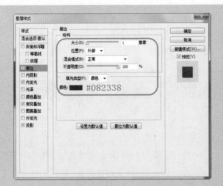

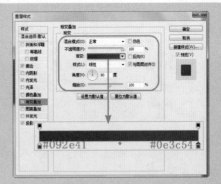

03 ▶ 打开"图层样式"对话框，选择"描边"选项，设置参数值。

04 ▶ 继续在对话框中选择"渐变叠加"选项，设置参数值。

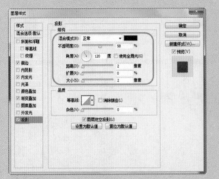

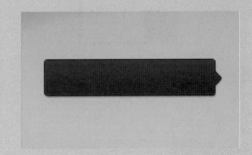

05 ▶ 最后选择"投影"选项，设置参数值。

06 ▶ 设置完成后，得到按钮效果。

07 ▶ 使用"直线工具"在按钮上方绘制一条颜色为 #7dd3ff 的线条，并降低其"不透明度"为 15%。

08 ▶ 使用相同的方法制作出按钮左侧的分隔线。

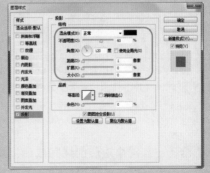

09 ▶ 打开"字符"面板，设置字符属性，然后在按钮左侧输入文字。

10 ▶ 打开"图层样式"对话框，选择"投影"选项，适当设置参数值。

11 ▶设置完成后单击"确定"按钮，得到文字效果。

13 ▶新建一张 3×3px 的透明背景画布，然后绘制出上图的图案。

15 ▶新建图层，然后执行"编辑＞填充"命令，为画布填充图案。

17 ▶在此不希望按钮文字上有纹理，所以将文字调整到纹理上方，并进行编组。

12 ▶使用相同的方法制作其他按钮和文字，并分别将按钮编组。

14 ▶执行"编辑＞定义图案"命令，将该图形定义为"图案 1"。

16 ▶为图案添加蒙版，将按钮和大标题以外的部分隐藏，并适当降低"不透明度"。

18 ▶使用"圆角矩形工具"创建一条路径，新建图层，将其转为选区后填充任意色。

提示　　　圆角矩形创建完成后，如果要调整其长度，请使用"直接选择工具"选中一排锚点进行移动，不要直接使用"自由变换"命令，这样会对圆角效果产生影响。

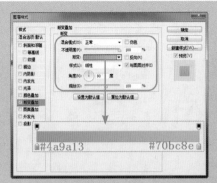

19 ▶打开"图层样式"对话框，选择"渐变叠加"选项，设置参数值。

20 ▶设置完成后单击"确定"按钮，得到导航底座效果。

这里只是为了效果漂亮为导航添加了背景和纹理，但实际应用时，背景并不会参与到其中，用户可以直接在白背景上画导航。

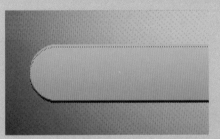

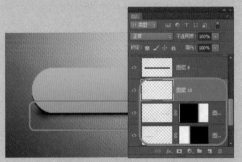

21 ▶载入该图层选区，向下移动 2 像素，在其下方新建图层，填充颜色为 #041604。

22 ▶在导航下方分层绘制出投影效果。

23 ▶分别在导航上涂抹几层不同的颜色，使其颜色过渡更丰富，并将相关图层编组。

24 ▶使用相同的方法制作出菜单项被选中的状态。

导航上的颜色过渡非常微妙，大部分人无法一次性选对颜色。请随意涂抹比较艳丽的颜色，如蓝色、绿色或红色，然后使用"色相／饱和度"命令重新调整颜色即可。

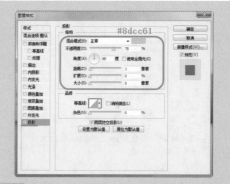

25 ▶ 打开"字符"面板,设置字符属性,然后在导航中输入文字。

26 ▶ 打开"图层样式"对话框,选择"投影"选项,适当设置各参数值。

27 ▶ 设置完成后得到文字立体效果。

28 ▶ 使用相同的方法制作其他文字。

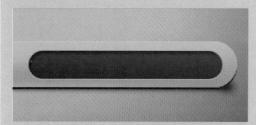

29 ▶ 使用前面讲解的方法在导航右侧制作一个圆角矩形。

30 ▶ 使用"圆角矩形工具"创建一条路径,将其转换为选区。新建图层,为选区填充白色到透明的线性渐变。

31 ▶ 使用相同的方法制作搜索框的其他形状和文字效果。

32 ▶ 使用"自定形状工具"创建一个放大镜,"填充"为 #b9f267。

提示

在为选区填充颜色时,如果觉得蚂蚁线不利于查看效果,可以按快捷键 Ctrl+H 将选区隐藏(请注意选区隐藏后依然存在,只是不可见而已)。

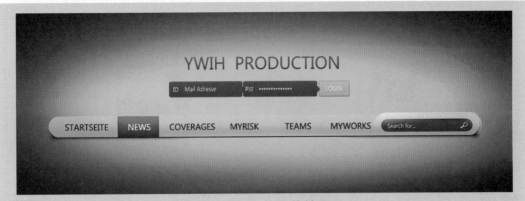

33 ▶ 使用相同的方法完成其他操作，得到最终导航效果。

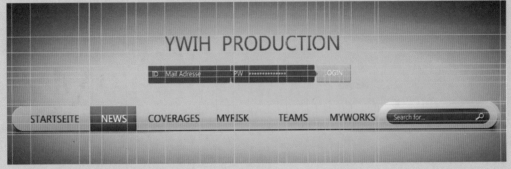

34 ▶ 现在开始对导航进行切片输出。按快捷键 Ctrl+R 显示标尺，不断拖出参考线，对导航中的各种元素进行精确定位。

35 ▶ 使用"矩形选框工具"框选标题文字，并按快捷键 Ctrl+Shift+C 合并拷贝该区域。

36 ▶ 按快捷键 Ctrl+N 新建图层，可以看到新文档尺寸会自动跟踪选区大小。

37 ▶ 直接将文字图层拖入新文档，并关闭背景。

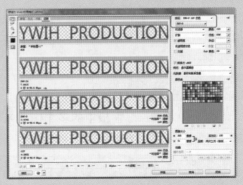

38 ▶ 执行"文件 > 存储为 Web 所用格式"命令，对其进行优化存储。

39 ▶ 使用"矩形选框工具"框选登录按钮，并按快捷键 Ctrl+Shift+C 合并拷贝该区域。

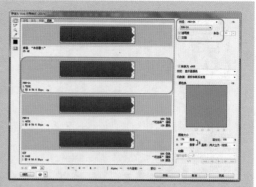

40 ▶ 新建文档，按快捷键 Ctrl+V 粘贴图像，然后将其存储为 Web 所用格式。

41 ▶ 使用相同的方法优化存储导航中的其他部分，包括各种底座、分隔线和文字等。

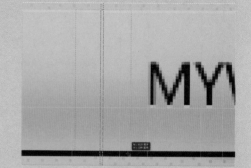

42 ▶ 对于导航中间的部分，可以只截取 1 像素的图像，后期可以通过平铺实现。

提问："横排文字蒙版工具"和"直排文字蒙版工具"有什么作用？

答："横排文字蒙版工具"和"直排文字蒙版工具"是用来绘制文字选区的。输入时系统以快速蒙版的方式显示文字，提交文字后即可自动将文字转换为选区。

5.8 快速对齐对象

大部分的导航和菜单都采用规则的形状来布局，所以一遍遍对齐同类元素的工具是在所难免的。可以选择手动创建参考线，或启用自动参考线来辅助对齐，但其实还有更方便、快捷的方法。

5.8.1 对齐对象

当选中"图层"面板中的多个图层或组时，"移动工具"选项栏中的对齐和分布对象按钮将全部可用，帮助用户以指定的规则对齐和分布对象。

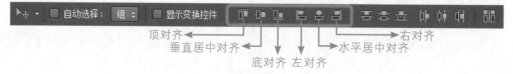

● 顶对齐

单击该按钮，可将所选定的全部对象对齐到最顶端对象的上边缘。

● 垂直居中对齐

单击该按钮，可将选定对象对齐到顶端对象上边缘和底端对象下边缘的中点位置。

● 底对齐

单击该按钮，可将选定对象对齐到最底端对象的下边缘。

● 左对齐

单击该按钮，可将选定对象对齐到最左侧对象的左边缘。

● 水平居中对齐

单击该按钮，可将选定对象对齐到左侧对象左边缘和右侧对象右边缘的中点位置。

● 右对齐

单击该按钮，可将选定对象对齐到最右侧对象的右边缘。

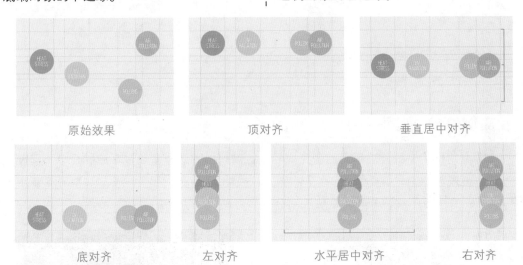

原始效果　　　　顶对齐　　　　垂直居中对齐

底对齐　　　　左对齐　　　　水平居中对齐　　　　右对齐

5.8.2 分布对象

上一小节讲解的对齐对象主要用于将多个对象对齐到某个参照点，本节所讲解的分布对象则主要用于调整多个对象之间的间距。用户可在"图层"面板中选中多个对象，然后使用"移动工具"选项栏中的 6 个按钮对其重新进行分布。

水平居中分布

按顶分布　　　　　　　　　　　　　　按右分布

垂直居中分布　　　　　　按底分布 按左分布

● 按顶分布

单击该按钮，可将选定对象以上边缘为基准进行均等分布。

● 垂直居中分布

单击该按钮，可将选定对象以水平中心为基准进行均等分布。

● 按底分布

单击该按钮，可将选定对象以下边缘为基准进行均等分布。

● 按左分布

单击该按钮，可将选定对象以左边缘为基准进行均等分布。

● 水平居中分布

单击该按钮，可将选定对象以垂直中线为基准进行均等分布。

● 按右分布

单击该按钮，可将选定对象以右边缘为基准进行均等分布。

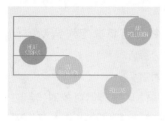
按顶分布

垂直居中分布

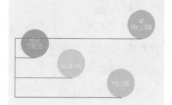
按底分布

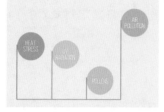
按左分布

水平居中分布

按右分布

➡ 实例 31+ 视频：制作漂亮的图片式导航

　　本实例制作了一款美观实用的图片式导航，制作的方法非常简单，绘制几个不同颜色的形状，将照片嵌到里面就可以了。制作完成后使用"分布"和"对齐"功能对 5 张卡片进行对齐，省时省力，精准美观。

🏠 源文件：源文件 \ 第 5 章 \ 漂亮的图片式导航 .psd

📶 操作视频：视频 \ 第 5 章 \ 漂亮的图片式导航 .swf

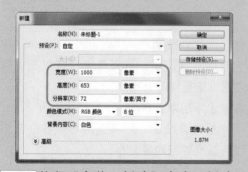
`01 ▶` 执行"文件 > 新建"命令，新建一张空白画布。

`02 ▶` 将素材"素材 \ 第 5 章 \006.jpg"拖入设计文档中，并适当调整其位置和大小。

03 ▶ 新建一张 3×3 像素的透明背景文档，在画布中心创建一个 1×1 像素的黑色矩形。

04 ▶ 执行 "编辑 > 定义图案" 命令，将绘制的图形定义为 "图案 1"。

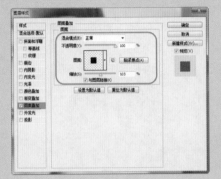

05 ▶ 返回设计文档中，打开 "图层样式" 对话框，选择 "图案叠加" 选项，设置参数值。

06 ▶ 设置完成后单击 "确定" 按钮，可以看到图像上添加了刚刚定义的图案。

07 ▶ 使用 "矩形工具" 在画布左下角创建一个 "填充" 为 #02646e 的矩形。

08 ▶ 打开 "图层样式" 对话框，选择 "描边" 选项，并进行相应设置。

09 ▶ 设置完成后得到形状描边效果。

10 ▶ 使用相同的方法制作另一个正圆。

11 ▶ 复制"图层1"至图层最上方，将其剪切至下方的正圆，并适当调整大小。

12 ▶ 打开"字符"面板，设置字符属性，然后在图片下方的标签中输入文字。

13 ▶ 使用相同的方法制作其他4张小卡片，并分别将其他编组。现在这5张卡片排列得十分杂乱。

14 ▶ 选中5个卡片组，单击"移动工具"选项栏中的"水平居中分布"按钮，使它们的间距都相等。

15 ▶ 再单击选项栏中的"垂直居中对齐"按钮 📐，将5张卡片精确对齐，至此完成图片式导航的制作。

提示 　　除了使用"移动工具"选项栏中的两组按钮对齐分布对象之外，用户同样可以使用"图层 > 对齐 / 分布"菜单下的各个选项对选定对象进行对齐和分布。

16 ▶ 按快捷键 Ctrl+R 显示标尺，然后拖出参考线，定义导航中的元素。

17 ▶ 隐藏背景，选择"矩形选框工具"，沿着参考线框选第一张图片。

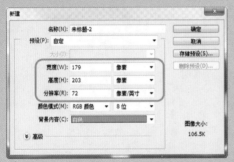

18 ▶ 按快捷键 Ctrl+Shift+C 合并拷贝该区域，再按快捷键 Ctrl+N 新建文档，文档的尺寸会自动跟踪选区大小。

19 ▶ 按快捷键 Ctrl+V 粘贴图像，然后执行"文件 > 存储为 Web 所用区域"命令优化存储该图片。

20 ▶ 设置完成后单击"存储"按钮，将图像存储为"pic01.png"。

21 ▶ 使用相同的方法存储其他 4 张卡片，至此完成全部操作。

提问：**"移动工具"选项栏中的"自动选择"有什么作用？**

答：在"移动工具"选项栏中勾选"自动选择"选项，然后在画布中单击，即可自动选中单击点的图层或组，而无须再在"图层"面板中单击选择对象。

如果文档中包含大量的图层，那么使用"自动选择"功能正确选择对象的概率很小。

5.9　本章小结

　　本章主要介绍一些用于制作网站导航菜单的知识点，如参考线的创建、选区的创建和修改、使用"加深工具"和"减淡工具"修饰明暗、"钢笔工具"的使用技巧以及文字的输入和编辑等。

　　其中选区的创建和修改，"钢笔工具"的使用和文字的编辑是本章的重点内容，希望读者能够认真做完基础知识后面的实例，并认真总结实战经验。

第6章　调整命令与优化图像

网页主要由图片组成，图片是网页中重要的元素。将图片应用到网页之前，需要对其进行优化，否则可能出现图片加载时间过长的问题，导致用户体验降低。

6.1　网站中的图像简介

网页中的图像不仅有点缀与装饰整体版面的作用，更承载着传达信息的重要使命，所以在设计图片内容时要注意是否具有代表性。

● **Web 安全色板**

为了使网页图像的颜色在显示器上没有差异，在设计时，需要使用到 Web 安全色板。

● **图片分辨率**

网页图片往往不要求具有很高的分辨率，标准分辨率为 72 像素 / 英寸。

● **图片优化**

图片文件的大小影响着图片加载的速度，图片过大会导致图片加载缓慢，因此创建切片时，需对图像进行优化，以减小文件的大小。

本章知识点

- ☑ 网站中的图像简介
- ☑ 图像的修饰与修复
- ☑ 图像色调的调整
- ☑ 使用填充图层与调整图层
- ☑ 自动批处理图像

6.2　网站中适用的图片格式

适用于网站的图片格式主要有 4 种，分别为 GIF 格式、PNG-8 格式、JPEG 格式和 PNG-24 格式。

● **GIF 格式**

适用于压缩具有单色调颜色和清晰细节的图像，不适合颜色太多的图片，是一种无损压缩格式。

● **PNG-8 格式**

与 GIF 格式一样，适用于纯色图像的压缩，并不损失清晰的细节。

● **JPEG 格式**

适用于压缩具有连续色调的图像，虽然是有损压缩，但不会损失图像中重要的部分，会有选择地减少数据，以减小文件体积。

● **PNG-24 格式**

同样适用于压缩具有连续色调的图像，它可以保留多个透明度级别，但生成的文件较大。

6.3　网站中的图像模式

常见的图像颜色模式有 RGB、CMYK、HSB 和 Lab 等，网页显示全部采用 RGB 模式。

RGB 是最常见的一种颜色模式，适用于在电子屏幕中显示图像。在 RGB 模式下处理图像较为方便，而且占用内存最小，可以有效节省存储空间。

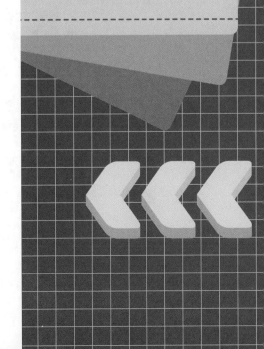

6.4 使用图章工具为图像添加效果

图章工具共有两种，包括"仿制图章工具"和"图案图章工具"，可以快速修复图像中的缺陷和瑕疵，或者为图像添加各种艺术效果。

6.4.1 使用仿制图章工具去除图像中的水印

"仿制图章工具"可以去除图像中不需要的部分，或者把当前图像的信息应用到其他部分。选择"仿制图章工具"，按住 Alt 键单击图像中纹理完善的区域进行取样，然后在图像中有瑕疵的部位反复涂抹，即可将其去除。

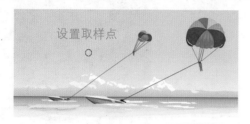 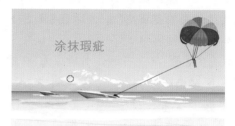

➡ 实例 32+ 视频：去除图像中的瑕疵

设计和制作网站页面时，往往会使用到来自不同途径的图像素材，而这些图像往往会存在一些瑕疵和缺陷，如水印和 Logo 等，这时就可以使用"仿制图章工具"对多余的部分进行修补。

🏠 源文件：源文件 \ 第 6 章 \ 去除图像中的瑕疵 . psd　　🔊 操作视频：视频 \ 第 6 章 \ 去除图像中的瑕疵 . swf

`01 ▶` 执行"文件 > 打开"命令，打开素材图像"素材 \ 第 6 章 \001.jpg"。

`02 ▶` 选择"仿制图章工具"，按住 Alt 键单击蓝色区域进行取样，然后对衣服以外的网址进行涂抹。

03 ▶ 继续按住 Alt 键单击红色衣服进行取样，然后在图像中进行涂抹。

04 ▶ 使用相同的方法完成相似内容的制作。

05 ▶ 执行"文件 > 打开"命令，打开素材图像"素材 \ 第 6 章 \002.png"。

06 ▶ 使用"矩形选框工具"在画布中创建选区，然后按快捷键 Ctrl+J 复制图层。

07 ▶ 将刚刚修复好的图像拖入到当前设计文档，适当调整位置，并执行"图层 > 创建剪贴蒙版"命令，得到网页的最终效果。

提问：在使用"仿制图章工具"时所用到的快捷键有哪些？

答：按] 键可以加大笔刷尺寸，按 [键可以减小笔刷尺寸。按快捷键 Shift+] 可以增强笔触的硬度，按快捷键 Shift+[键可以减小笔触的硬度。

6.4.2 使用图案图章工具制作网站背景

"图案图章工具"可以利用系统提供的图案或自定义的图案为网页绘制背景，既简单整齐又美观。单击工具箱中的"图案图章工具"按钮，可在选项栏中进行设置。

图案拾色器　对齐　印象派效果

● **图案拾色器**

单击后可在打开的"图案"拾色器中选择相应的图案。

● **对齐**

勾选该选项，在涂抹图案时可保持图案原始起点的连续性，即使多次单击鼠标再次涂抹都不会重新应用图案。

● **印象派效果**

勾选该选项后，涂抹的图案具有朦胧模糊的效果，可模拟印象派的效果。

对齐效果

印象派效果

6.5 修复网页中的图像

修复图像的工具有很多，包括"仿制图章工具"、"污点修复画笔工具"、"修复画笔工具"、和"修补工具"等，使用这些工具可以轻松地修复图像中的污点和瑕疵。

6.5.1 使用污点修复画笔工具

"污点修复画笔工具"是使用图像中的样本像素进行绘画，并将样本的纹理、光照、透明度和阴影等与所修复的像素匹配，从而快速地去除图像中的污点以及小区域的缺陷。单击"污点修复画笔工具"，可以在选项栏中进行相应的设置。

近似匹配　创建纹理　内容识别　对所有图层取样

● **近似匹配**

可以使用选区边缘周围的像素来查找要用于选定区域修补的图像区域。

● **创建纹理**

可以使用选区内的所有像素创建纹理来修复该区域。

● **内容识别**

可以使覆盖填充的区域进行拼接与融合，从而达到无缝的拼接效果。

● **对所有图层取样**

可以从所有可见的图层中进行取样。

实例 33+ 视频：去除脸部的装饰

　　通过对"污点修复画笔工具"的介绍，相信大家已经对该工具有了大概的了解，下面通过一个实例的操作来看看"污点修复画笔工具"的实际应用。

🏠 源文件：源文件 \ 第 6 章 \ 去除脸部的装饰 . psd

📶 操作视频：视频 \ 第 6 章 \ 去除脸部的装饰 . swf

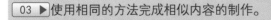

01 ▶ 执行"文件 > 新建"命令，创建一个空白文档。

02 ▶ 新建图层，使用"矩形选框工具"创建选区，并填充颜色为 #e9e8e4。

03 ▶ 使用相同的方法完成相似内容的制作。

04 ▶ 执行"滤镜 > 杂色 > 添加杂色"命令，弹出"添加杂色"对话框，进行相应的设置。

05 ▶ 设置完成后单击"确定"按钮，得到杂色的效果。

06 ▶ 使用相同的方法完成相似内容的制作。

07 ▶ 执行"文件 > 打开"命令，打开素材图像"素材 \ 第 6 章 \003.jpg"。

08 ▶ 使用"污点修复画笔工具"，直接单击需要去除的部位，将其修复。

09 ▶ 将该图像拖入到设计文档中，适当调整位置，并创建剪贴蒙版。

10 ▶ 使用相同的方法完成相似内容的制作。

11 ▶ 打开"字符"面板，适当设置其参数。

12 ▶ 在画布中输入相应的文字。

13 ▶ 使用相同的方法完成相似内容的制作。

提问："混合模式"中的"替换"模式有什么作用？

答：选择"替换"模式时，可以保留画笔描边的边缘处的杂色、胶片颗粒和纹理。

6.5.2　使用修复画笔工具

"修复画笔工具"不仅可以对图像或图案取样然后进行绘画，还可以从被修饰区域的周围取样，使用图像或图案中的样本像素进行绘画，并将样本的纹理、光照、透明度和阴影等与所修复区域内的像素进行匹配，使修复后的图像更自然。单击"修复画笔工具"，可以在选项栏中进行相应的设置。

- **取样**

    可以在图像的像素上取样。

- **图案**

    可以在"图案"下拉列表中选择图案作为样本。

6.5.3　使用内容感知移动工具

"内容感知移动工具"可以移动图像中某区域像素的位置，并在原像素的区域自动填充周围的图像。单击"内容感知移动工具"，可以在选项栏中进行相应的设置。

- **模式**

    该下拉列表中包含两个选项，分别为"移动"和"扩展"。

- **移动**

    在图像中创建将要移动的选区后，移动选区的位置，那么原来选区的位置将会填充附近的图像。

- **扩展**

    移动选区中的图像，并且原来选区内的图像不会改变。

- **适应**

    该下拉列表中包含 5 个选项，是用来表示图像与背景的融合程度，每个选项表示不同的融合程度。

"移动"模式

"扩展"模式

6.6 自动调整图像颜色

自动调整命令可以对图像颜色进行自动调整，既方便又快速。这些命令包括"自动色调"、"自动对比度"和"自动颜色"等。

6.6.1 自动色调增强图像清晰度

执行"图像 > 自动色调"命令，可以自动调整图像的整体色调，非常适合校正发灰、没有亮丽感的图像。执行该命令后，图像中最深的颜色会被映射为黑色，最浅的颜色被映射为白色，然后再按比例重新分布其他颜色的像素，从而大幅提高图像的对比度。

6.6.2 自动对比度增强照片对比度

"自动对比度"命令可以自动调整图像的对比度，使图像中暗的地方更暗，亮的地方更亮。通常是对一些颜色没有鲜明对比的图像进行校准。

"自动对比度"命令只能调整对比度，不能单独调整颜色通道，所以色调不会改变，可以改进彩色图像的对比度，但无法移除图像中的色偏。

6.6.3　自动颜色校正图像颜色

执行"自动颜色"命令，可以自动调整图像的对比度和色彩，使偏色的图像得到校正。下图分别为一张图像应用"自动颜色"命令的前后对比效果。

6.7　自定义调整图像色彩

自定义调整命令主要用于对图像的基本色调进行调整，主要包含"曲线"、"色阶"、"亮度 / 对比度"和"色相 / 饱和度"命令等。合理使用这些命令可以调整出个性的色彩，使图像更具有表现力。

6.7.1　使用曲线调整图像

"曲线"命令可以调整图像的色彩与色调，它与"色阶"命令的功能相似，都是用来调整明暗度与反差。"曲线"命令可以在图像的整个色调范围内最多调整 16 个点，来调整不同范围的色调明暗度，从而精确校准图像的明暗状况。执行"图像 > 调整 > 曲线"命令，即可打开"曲线"对话框调整曲线形状。

 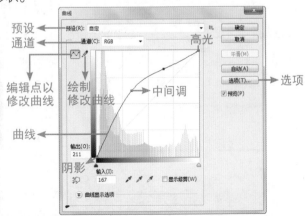

● 预设

在该下拉列表中包含了一些预设选项。选择其中任意选项后，则会使用预设参数来调整图像。当选项为"默认值"时，可通过拖动曲线来调整图像。

● 通道

当图像的"颜色模式"为 RGB 时，在该模式下可以调整 RGB 复合通道和红、绿、蓝 3 种颜色通道。

当图像的"颜色模式"为 CMYK 时，则可以调整 CMYK 复合通道和青色、洋红、黄色、黑色 4 个颜色通道。

● 编辑点以修改曲线

选择该按钮时，可以在曲线上添加新的控制点，并拖动曲线来改变图像的色调。

● 绘制修改曲线

选择该按钮，可以自由绘制曲线来调整图像的色调。绘制后，可单击"编辑点以修改曲线"按钮，则会显示曲线的控制点。

● 阴影 / 中间调 / 高光

在曲线的上下两端有两个控制点，拖动左下方的控制点可调整图像的黑色区域，拖动右上方的控制点可调整白色区域，而拖动曲线中间的控制点可调整中间色调。

● 选项

单击该按钮后，会弹出"自动颜色校正选项"对话框。该选项用于控制"色阶"和"曲线"中的"自动颜色"、"自动色调"、"自动对比度"和"自动"选项应用的色调和颜色校正。可以指定阴影和高光的百分比，并为阴影、中间色调和高光指定颜色值。

➡ 实例 34+ 视频：使图像更加鲜艳

曲线的强大之处是可以非常精确地控制图像的色调，可以调整一定色调区域内的像素，而不影响其他的像素。

🏠 源文件：源文件 \ 第 6 章 \ 使图像更加鲜艳 .psd

📡 操作视频：视频 \ 第 6 章 \ 使图像更加鲜艳 .swf

01 ▶ 执行"文件>打开"命令，打开素材图像"素材 \ 第 6 章 \003.jpg"。

02 ▶ 新建图层，使用"矩形选框工具"创建一个矩形选区，并填充任意颜色。

03 ▶ 将素材图像"素材 \ 第 6 章 \004. jpg"拖入设计文档中，适当调整位置和大小，并创建剪贴蒙版。

04 ▶ 单击"图层"面板下方的"创建新的填充或调整图层"按钮，选择"曲线"选项。

05 ▶ 在打开的"属性"面板中进行适当调整。

06 ▶ 使用相同的方法新建"亮度 / 对比度"调整图层，在"属性"面板中设置参数值。

07 ▶ 使用"矩形工具"在画布中创建一个黑色的矩形。

08 ▶ 修改该图层的"不透明度"为 50%，并使用相同方法完成相似内容的制作。

09 ▶ 打开"字符"面板，进行相应的设置。

10 ▶ 使用"横排文字工具"在画布中输入相应的文字。

11 ▶ 使用相同的方法完成相似内容的制作。

提问: 曲线调整的原理是什么?

答: 在 "曲线" 对话框中, 有两个渐变色条, 水平的渐变颜色为输入色阶, 它代表了原始值的强度; 垂直的渐变颜色为输出色阶, 它代表了调整后的像素强度值。

整个色阶范围为 0~255, 0 代表全黑, 255 代表全白, 因此色阶值越高, 色调越亮。

6.7.2　使用色阶提高图像清晰度

色阶可以用来调整图像的阴影、中间调和高光的强度级别, 从而调整色调的范围或色彩平衡。执行 "图像 > 调整 > 色阶" 命令, 打开 "色阶" 对话框, 并对直方图进行调整。

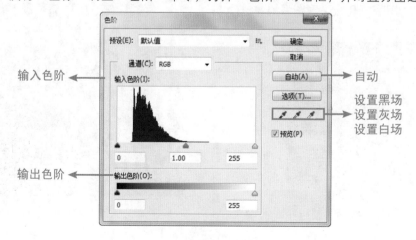

● **输入色阶**

通过拖动滑块来调整图像的阴影、中间调和高光，也可在滑块下方的文本框中输入相应的数值进行调整。

● **输出色阶**

通过拖动滑块来限定图像的亮度范围，同样也可在滑块下方的文本框中输入数值来调整图像的亮度。

● **自动**

可以通过单击该按钮而快速进行颜色自动校正，使图像的亮度分布更加均匀。

● **设置黑场**

使用该工具单击图像，被单击点的像素会变为黑色，而且比单击点像素暗的像素也会变为黑色。

● **设置白场**

使用该工具单击图像，同样被单击点的像素会变为白色，而且比单击点亮度值大的像素也会变为白色。

● **设置灰场**

使用该工具单击图像，可根据单击点的亮度来调整其他中间点的平均亮度。

原始图像　　　　　　　　设置黑场　　　　　　　　设置白场

6.7.3　使用亮度 / 对比度调整图像

使用"亮度 / 对比度"命令可以调整图像的亮度和对比度，和"色阶"与"曲线"命令相比，该命令使用起来更加简单、快捷。执行"图像 > 调整 > 亮度 / 对比度"命令，打开"亮度 / 对比度"对话框，可拖动滑块来调整"亮度"与"对比度"，也可以通过在其对应的文本框内输入数值，来调整图像的"亮度"和"对比度"。

➡ 实例 35+ 视频：使图像更清晰

亮度和对比度的值为正值时，图像的亮度和对比度增加；亮度和对比度的值为负值时，图像的亮度和对比度降低。当值都为 0 时，图像的亮度和对比度不发生变化。

🏠 源文件：源文件 \ 第 6 章 \ 使图像更清晰 . psd

📡 操作视频：视频 \ 第 6 章 \ 使图像更清晰 . swf

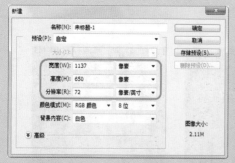

01 ▶ 执行"文件＞新建"命令，新建一个空白文档。

02 ▶ 使用"渐变工具"为画布填充由 #e6f5f8 到 #e6f5f8 的线性渐变。

03 ▶ 新建图层，使用"矩形选框工具"在画布中创建一个矩形选区。

04 ▶ 使用"渐变工具"为选区填充由 #f7f7f7 到白色的线性渐变。

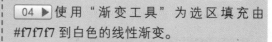

05 ▶ 执行"编辑＞描边"命令，在打开的"描边"对话框中进行相应的设置。

06 ▶ 设置完成后，单击"确定"按钮，并按快捷键 Ctrl+D 取消选区。

07 ▶ 多次复制该图层，并分别调整它们的位置。

08 ▶ 执行"文件 > 打开"命令，打开素材图像"素材 \ 第 6 章 \007.jpg"。

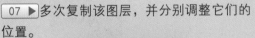

09 ▶ 单击"面板"图层下方的"创建新的填充或调整图层"按钮，在"属性"面板中进行相应的调整。

10 ▶ 设置完成后关闭"属性"面板，可以看到图像变得更加明艳了。

11 ▶ 将所有图层合并，并将该素材拖入到设计文档中，适当调整位置和大小。

12 ▶ 载入"图层 1"选区，为该图层添加图层蒙版。

13 ▶ 使用相同的方法完成相似内容的制作。

14 ▶ 使用"横排文字工具"在画布中输入相应的文字。

15 ▶使用相同的方法完成相似内容的制作。

提问：曲线调整与色阶调整有什么区别？

答：曲线上最多可以有 16 个控制点，可以把整个色调范围分为 15 段来调整，对色调控制非常精确，而色阶只有 3 个滑块来调整色阶，所以曲线比色阶功能更强大。

6.7.4 　使用色相 / 饱和度调整图像

使用"色相 / 饱和度"命令不仅可以调整图像的"色相"和"饱和度"，还可以调整图像的明暗度，是一个功能强大的颜色调整工具。执行"图像 > 调整 > 色相 / 饱和度"命令，打开"色相 / 饱和度"对话框，在其中可进行调整。

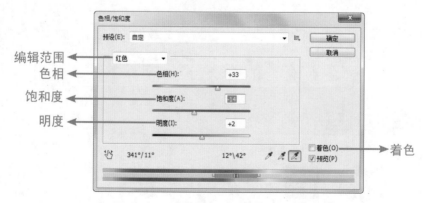

● **编辑范围**

在该选项的下拉列表中，包含多种颜色选项。可选择要调整的单个颜色，只对图像中的该颜色应用调整。默认选项为"全图"，表示调整图层中的所有颜色。

● **色相**

拖动滑块可改变图像的颜色。

● **饱和度**

拖动滑块可改变图像的饱和度，向右拖动可增加图像的饱和度，向左拖动则减少图像的饱和度。

● **明度**

拖动滑块可改变图像的明暗度，向右拖动可增加图像亮度，向左拖动则减少亮度。

● **着色**

勾选该项时，图像将会变为只有一种颜色的单色图像，并可以拖动滑块来调整图像的颜色。

6.7.5　使用自然饱和度调整图像

"自然饱和度"命令是用于调整图像色彩的饱和度，它的优点是在增加饱和度的同时，会防止过于饱和而溢色。执行"图像＞调整＞自然饱和度"命令，则会弹出"自然饱和度"对话框，对其进行相应的设置。

● **自然饱和度**

拖动该选项的滑块时，可以更多地调整图像中不饱和的颜色区域，并在颜色接近完全饱和时避免颜色修剪。

● **饱和度**

拖动该选项的滑块时，可以将图像中所有的颜色调整为相同的饱和度。

使用"自然饱和度"命令调整人物时,要使调整后的人物呈现自然的色彩,防止肤色过度饱和。

实例 36+ 视频:制作炫酷的图片

通过"色相 / 饱和度"命令可以方便地更改图像的颜色、饱和度和明度,在对图像进行调色处理时经常会用到该命令。

源文件:源文件 \ 第 6 章 \ 炫酷的图片 .psd

操作视频:视频 \ 第 6 章 \ 炫酷的图片 .swf

01 ▶ 执行"文件 > 打开"命令,打开素材图像"素材 \ 第 6 章 \013.jpg"。

02 ▶ 使用"矩形选框工具"在画布中创建一个矩形选区,按快捷键 Ctrl+J 复制图层。

03 ▶ 打开素材图像"素材 \ 第 6 章 \014.jpg",将其拖入到设计文档中。

04 ▶ 单击"图层"面板下方的"创建新的填充或调整图层"按钮,选择"色相 / 饱和度"选项,并在"属性"面板中进行调整。

05 ▶选中该素材图层，执行"图层 > 创建剪贴蒙版"命令，并按快捷键 Ctrl+T，适当调整图片大小。

06 ▶使用相同的方法完成相似内容的制作。

07 ▶打开素材图像"素材\第 6 章\017.png"，将其拖入到设计文档中，适当调整位置。

08 ▶复制该图层，执行"编辑 > 变换 > 水平翻转"命令，将该图片拖动到相应位置。

09 ▶得到网页的最终效果图。

提问："图像调整工具"按钮有什么作用？

答：使用该工具后，光标在图像中变为吸管工具，单击图像并拖动鼠标，向左拖动可以减少单击点像素颜色范围的饱和度，向右拖动则可增加单击点像素颜色范围的饱和度。

6.7.6　使用变化命令改变图像的色调

　　"变化"命令是一个既简单又快速的图像调整命令，该命令只需单击图像的预览图即可调整，还可观察原图与调整结果对比效果。执行"图像 > 调整 > 变化"命令，打开"变化"对话框，可对其进行调整。

阴影 / 中间调 / 高光 / 饱和度

原稿 / 当前挑选

精细 / 粗糙

加深...

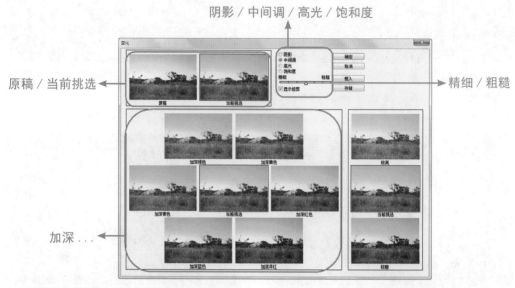

● **原稿 / 当前挑选**

　　"原稿"显示的是原始未调整的图像，"当前挑选"显示的是调整后的图像。第一次打开对话框时，两张图像效果是一样的，但"当前选择"图像将随着调整的进行实时显示当前的处理结果，若单击"原稿"缩览图，图像将会恢复原始状态。

● **"加深绿色"等缩览图**

　　在对话框的左侧共有 7 个缩览图，当前挑选缩览图同样是显示调整结果的，其他 6 个是用来调整不同的颜色，单击任意缩览图后，可将相应的颜色添加到图像中。

● **阴影 / 中间调 / 高光**

　　选择任意选项，即可针对相应的色调进行调整，默认的选项为"中间调"。

● **饱和度**

　　勾选该选项后，对话框左侧会出现 3 个缩览图，分别为"减少饱和度"、"当前挑选"和"增加饱和度"，可单击缩览图调整图像的饱和度。

● **精细 / 粗糙**

　　拖动滑块可控制每次的调整量，每向右移动一次滑块，可使调整量加倍。

实例 37+ 视频：制作唯美的图片

执行"变化"命令时，连续单击颜色缩览图可累积添加颜色，例如连续单击"加深绿色"多次，图像也将多次添加绿色。

🏠 源文件：源文件 \ 第 6 章 \ 唯美的图片 . psd　　　　📶 操作视频：视频 \ 第 6 章 \ 唯美的图片 . swf

01 ▶ 执行"文件 > 打开"命令，打开素材图像"素材 \ 第 6 章 \018.jpg"。

02 ▶ 继续打开素材图像"素材 \ 第 6 章 \019.jpg"，将其拖入到设计文档中，适当调整位置，并转换为智能对象。

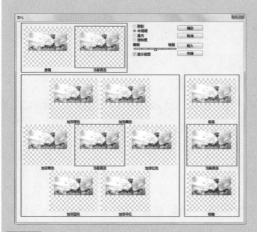

03 ▶ 执行"图像 > 调整 > 变化"命令，打开"变化"对话框。

04 ▶ 选择"中间调"，分别单击"加深洋红"和"加深黄色"缩览图。

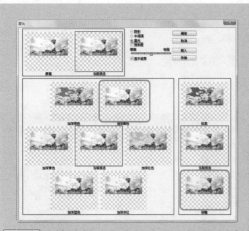 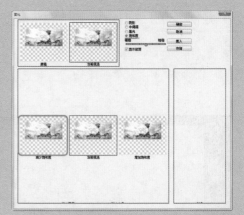

05 ▶继续选择"高光"选项，然后分别单击"较暗"和"加深黄色"缩览图。

06 ▶最后选择"饱和度"选项，单击"减少饱和度"缩览图。

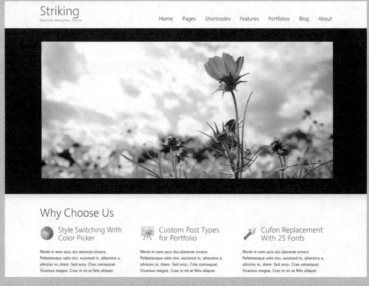

07 ▶单击"确定"按钮，得到图像调整后的效果。

提问：使用"变化"命令添加颜色时有什么规律？

答："变化"命令是基于色轮来进行调整的，当添加一种颜色时，会自动减少该颜色的互补色，例如添加蓝色会减少黄色，添加青色会减少红色。

6.7.7　使用阴影 / 高光修整照片的逆光

"阴影 / 高光"命令不是简单的使图像调亮或调暗，而是根据阴影或高光的局部相邻像素来校正每个像素，可以轻松改变图像的对比度，同时保持图像的整体平衡。执行"图像 > 调整 > 阴影 / 高光"命令，弹出"阴影 / 高光"对话框，可进行相应的调整。

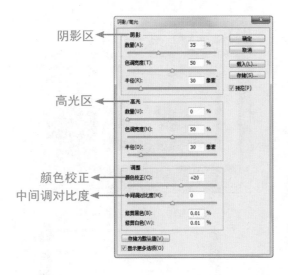

调整前　　　　　　　　调整后

● **阴影区**

　　"数量"选项用于调整阴影区域明暗度的强弱，值越大图像的阴影区域越亮，值越小则阴影区域越暗。

　　"色调宽度"可控制色调修改的范围，值越大则调整的阴影的区域越大，值越小则调整的阴影的区域越小。

　　"半径"可调整每个像素周围的局部相邻像素的大小，相邻像素用于确定像素是在阴影中还是在高光中。

● **高光区**

　　"数量"选项用于调整高光区域明暗度的强弱，值越高则高光区域越暗。

　　"色调宽度"可控制色调的修改范围，

值越大则调整的高光的区域越大，值越小则调整的高光的区域越小。

　　"半径"可调整每个像素周围的局部相邻像素的大小。

● **颜色校正**

　　该选项可以调整已被更改区域的颜色。例如当"阴影"选项区的"数量"值增大时，图像中的阴影会变亮，再增加"颜色校正"值后，会使这些颜色更加鲜艳。

● **中间调对比度**

　　该选项可以调整中间调颜色的对比度，向右拖动滑块则会增加饱和度，向左则减少饱和度。

 提示　　单击"存储为默认值"按钮，可以将当前的参数设置存储为预设，下次打开该对话框时，会自动显示该参数设置。按住 Shift 键，该按钮会变为"复位默认值"按钮，单击该按钮，可将参数恢复为默认设置。

➡ 实例 38+ 视频：修整逆光的照片

　　"阴影/高光"命令可以很好地校正逆光时拍摄的照片，可以将特别亮的区域调暗，特别暗的区域调亮，然后相应调整图像对比度，使照片更自然。

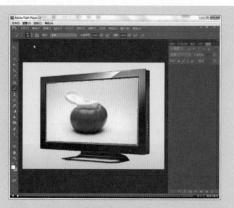

源文件：源文件 \ 第 6 章 \ 修整逆光的照片 .psd

操作视频：视频 \ 第 6 章 \ 修整逆光的照片 .swf

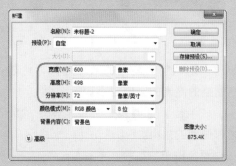

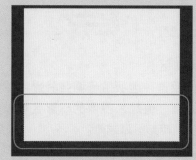

01 ▶ 执行"文件 > 新建"命令，新建一个空白文档，为背景填充颜色 #e7e7e7。

02 ▶ 新建图层，使用"矩形选框工具"在画布中创建一个矩形选区。

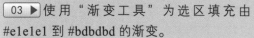

03 ▶ 使用"渐变工具"为选区填充由 #e1e1e1 到 #bdbdbd 的渐变。

04 ▶ 打开素材图像"素材 \ 第 6 章 \020.jpg"，并拖入到设计文档中。

05 ▶ 执行"图像 > 调整 > 阴影 / 高光"命令，打开对话框，在其中进行相应设置。

06 ▶ 设置完成后单击"确定"按钮，得到调整后的效果。

07 ▶打开素材图像"素材 \ 第 6 章 \021.jpg"，并拖入到设计文档中。

08 ▶执行"编辑 > 变换 > 扭曲"命令，将图片调整至屏幕形状。

09 ▶新建图层，使用"直线工具"创建一条黑色直线。

10 ▶使用相同的方法创建另一条白色直线，并修改图层的"不透明度"为 20%。

11 ▶打开"字符"面板，进行相应设置。

12 ▶使用"横排文字工具"在画布中输入相应文字。

13 ▶使用相同的方法完成相似内容的制作。

14 ▶复制"图层 3"，将其等比例缩小，移到适当位置，载入选区，为其填充为白色。

15 ▶ 使用"多边形套索工具"创建选区，并按 Delete 键删除选区内的像素，得到图像的最终效果。

提问："阴影/高光"对话框中的"修剪黑色"与"修剪白色"有什么作用？

答："修剪黑色"与"修剪白色"可以将图像中的阴影和高光剪切到新的纯黑阴影和纯白高光的颜色，该值越高，图像对比度越强。

6.8 使用填充和调整图层

使用填充图层可为图像快速添加纯色、渐变色和图案，并会自动建立新的填充图层，还可将其反复编辑或删除，不会影响到原始图像品质。调整图层可将颜色和色调调整应用于图像。使用填充图层和调整图层，不会对图像产生实质的破坏，默认情况下，填充图层和调整图层带有图层蒙版。

6.8.1 纯色填充图层

通过"纯色"填充图层，是在所选图层上方建立新的颜色填充图层，该图层不会影响其他图层和整个图像的品质。单击"图层"面板下方的"创建新的填充或调整图层"按钮，在菜单中选择"纯色"选项，在弹出的"拾色器"对话框中选择颜色，会在"图层"面板中生成填充图层。

6.8.2　渐变填充图层

渐变填充图层与纯色填充图层用法相似，渐变填充也会自动建立一个渐变色图层，并且可以对渐变的颜色、角度、不透明度和缩放等选项反复进行设置。

6.8.3　图案填充图层

图案填充图层可以为图像添加图案或纹理，系统为用户提供了大量的图案，也可以自定义图案，并且可以通过图层"混合模式"与"不透明度"等来调整图案的效果。

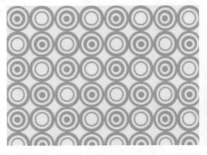 

➡ 实例 39+ 视频：制作炫彩网页

填充图层使创作更加灵活，既保存了完整的图像，又能使图像更加鲜活、亮丽，下面通过一个实例来掌握填充图层的应用方法和技巧 。

🏠 源文件：源文件 \ 第 6 章 \ 炫彩网页 .psd　　　🔊 操作视频：视频 \ 第 6 章 \ 炫彩网页 .swf

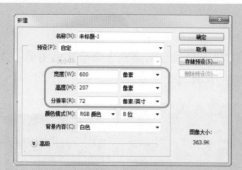

01 ▶ 执行"文件 > 新建"命令，新建一个空白文档。

02 ▶ 打开素材图像"素材 \ 第 6 章 \022.jpg"，将其拖入到设计文档中，适当调整位置。

03 ▶ 新建图层，使用"矩形选框工具"配合"钢笔工具"创建出选区。

04 ▶ 执行"图层 > 新建填充图层 > 纯色"命令，在弹出的"拾色器"对话框中设置颜色为 #e92000。

05 ▶ 修改该图层的"混合模式"为"变暗"。

06 ▶ 打开"字符"面板，进行相应的设置。

07 ▶ 选择"横排文字蒙版工具"，在画布中输入相应文字，并自动转换为选区。

08 ▶ 使用"矩形选框工具"，按住 Alt 键拖动鼠标减去选区。

09 ▶ 选中图层蒙版，并为选区填充为黑色。

10 ▶ 打开"图层"面板，可以看到蒙版效果。

11 ▶ 打开"字符"面板进行相应设置。

12 ▶ 使用"横排文字工具"在画布中输入相应文字。

13 ▶ 使用相同的方法完成相似内容的制作。

提问：怎样为图像的局部区域填充？

　　答：首先使用"套索工具"或"钢笔工具"在局部区域绘制选区，然后单击"创建新的填充或调整图层"按钮，进行选择填充。

6.8.4　调整面板

执行"窗口>调整"命令，打开"调整"面板，单击面板中相应的调整图层按钮，即可添加该调整图层，并在弹出的"属性"面板中进行相应的设置。

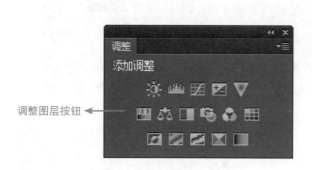

调整图层按钮 ←

剪切到图层 ↓
查看上一状态按钮
复位到调整默认值
切换图层可见性
删除此调整图层

● **调整图层按钮**

单击面板中的相应按钮，可添加相应的调整图层，并在打开的"属性"面板中进行调整。

● **剪切到图层**

所添加的调整图层会对所有的图层起到作用，单击该按钮后，调整图层会剪切至下方图层，不会影响到其他图层。

● **查看上一状态**

单击该按钮或按住快捷键，即可查看上一次调整的参数，松开按钮便恢复当前设置状态。

● **复位到调整默认值**

若多次设置当前状态，该按钮会起到复位至上一状态的作用。若是第一次设置当前状态，或对其他图层进行过选择或操作，该按钮会起到复位到调整默认值的作用。

● **切换图层可见性**

单击该按钮，可切换当前调整图层的可见性，显示或隐藏当前调整图层。

● **删除此调整图层**

单击该按钮可删除当前的调整图层。

另外，还可以在"图层"面板的下方单击"创建新的填充或调整图层"按钮，在弹出的菜单中选择相应的调整选项，即可创建调整图层，或单击下方的"删除图层"按钮删除调整图层。

⇨ 实例 40+ 视频：制作黑白色图像

执行"图层>新建调整图层"命令，在子菜单中选择相应的调整命令，也可创建调整图层，通过下面实例的学习，来更加灵活地运用调整图层。

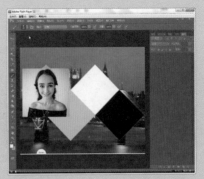

源文件：源文件 \ 第 6 章 \ 黑白色图像 . psd　　操作视频：视频 \ 第 6 章 \ 黑白色图像 . swf

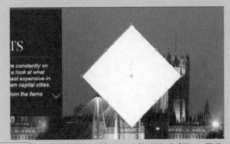

01 ▶ 执行"文件 > 打开"命令，打开素材图像"素材 \ 第 6 章 \023.jpg"。

02 ▶ 新建图层，使用"矩形选框工具"创建选区，填充任意颜色，按快捷键 Ctrl+T 适当调整角度及位置。

03 ▶ 使用相同的方法完成相似内容的制作。

04 ▶ 打开素材"素材 \ 第 6 章 \024.jpg"，将其拖入到设计文档中，适当调整位置和大小。

05 ▶ 执行"图层 > 新建调整图层 > 黑白"命令，在弹出的"属性"面板中进行相应调整。

06 ▶ 将该图层剪切至下方图层，使其嵌入到方格中。

07 ▶使用相同的方法完成相似内容的制作。

08 ▶新建图层，使用"矩形选框工具"在画布中创建选区并填充黑色。

09 ▶打开"字符"面板，进行相应的设置。

10 ▶使用"横排文字工具"在画布中输入相应的文字。

11 ▶使用相同的方法完成相似内容的制作。

提 问

提问：调整图层与执行"图像>调整"命令有什么区别？

答：调整图层可以随时修改参数，而"图像>调整"菜单中的命令一旦应用，将文档关闭以后，图像就不能恢复了。

6.9 锐化提高图像清晰度

　　使用"锐化工具"可以将图像进行锐化处理，通过增强像素间的对比度，从而提高图像的清晰度。单击"锐化工具"按钮，在选项栏中进行相应的设置，涂抹图像即可。

　　也可执行"滤镜 > 锐化"命令，在"锐化"子菜单中包含了 5 种滤镜，可使图像变得清晰。

6.10 处理扫描图像

　　若要处理扫描图像，需执行"文件 > 自动 > 裁剪并修齐照片"命令，进行裁剪操作，Photoshop 会自动将各张照片裁剪为单独文件，非常方便快捷。

6.11 批处理图像

　　"批处理"命令是指将指定的动作应用于所有的目标文件，从而实现了图像处理的自动化，可以简化对图像的处理流程，执行"文件 > 自动 > 批处理"命令，弹出"批处理"对话框，并进行相应的设置。

● **播放**

　　用来设置播放的组和动作组。

● **源**

　　在该下拉列表中可以选择需要进行批处理的文件来源，分别是"文件夹"、"导入"、"打开文件夹"和"Bridge"。

● **目标**

　　用来指定文件要存储的位置，在该下拉列表中可选择"无"、"存储并关闭"和"文件夹"来设置文件的存储方式。

6.11.1　使用动作面板

　　执行"窗口 > 动作"命令，即可打开"动作"面板，该面板可以记录、播放、编辑和删除各个动作。选择一个动作后，单击"播放选定的动作"按钮，即可播放该动作。

● **切换对话开 / 关**

　　如果记录命令前显示该标志，表示执行动作过程中会暂停，并打开相应的对话框，这时可修改记录命令的参数，单击"确定"按钮后才能继续执行后面的动作。

● **开始记录按钮**

用于创建一个新的动作，处于记录状态时，该按钮为红色。

● **播放选定动作按钮**

选择一个动作，单击该按钮可播放该动作。

切换对话开 / 关

开始记录按钮

播放选定的动作按钮

播放"木质画框"动作前后对比

6.11.2 自定义动作

创建动作首先要新建一个动作组，单击"创建新组"按钮，弹出"新建组"对话框，在"名称"文本框中输入动作组的名称，单击"确定"按钮。单击"创建新动作"按钮，弹出"新建动作"对话框，在该对话框中进行相应的设置，然后单击"记录"按钮，并开始进行录制。

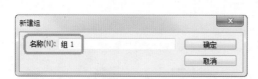

➡ 实例 41+ 视频：批处理图像

执行"批处理"命令进行批处理时，可按 Esc 键终止该命令，用户也可以将"批处理"命令记录到动作中，这样能将多个程序合到一个动作中，从而一次性执行多个动作。

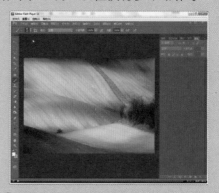

🏠 源文件：源文件 \ 第 6 章 \ 批处理图像 .psd

📶 操作视频：视频 \ 第 6 章 \ 批处理图像 .swf

01 ▶ 在进行"批处理"前，将图像存储到一个文件夹中。

02 ▶ 执行"窗口 > 动作"命令，打开"动作"面板，选择"渐变映射"命令。

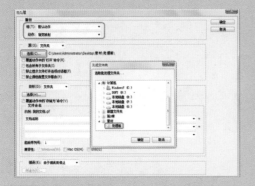

03 ▶ 执行"文件 > 自动 > 批处理"命令，弹出"批处理"对话框，单击"选择"按钮，打开"浏览文件夹"对话框，选择图像所在的文件夹。

04 ▶ 继续在"目标"下拉列表中选择"文件夹"选项，并单击"选择"按钮，弹出"浏览文件夹"对话框。

05 ▶ 设置完成后单击"确定"按钮，即可对指定的文件进行操作。

06 ▶ 处理后的文件会保存在指定的目标文件夹中。

提问：如何处理没有存在文件夹中的图像？

答：可以先将需要调整的图像在 Photoshop 中打开，然后执行"批处理"命令，在"批处理"对话框中的"源"下拉列表中选择"已打开的文件"即可。

6.12 本章小结

  本章主要介绍在 Photoshop 中对网页图像进行修饰与修补，了解色调的基本调整、填充图层、调整图层以及图像自动批处理等知识点。用户需要深入理解，并掌握各命令的操作方法与技巧。

第 7 章 抠图与广告条设计

在前面关于 Photoshop 的基础知识讲解中，已经提到过 Photoshop 可以应用于网页设计领域。在本章将介绍一些关于网站中的广告条知识和如何创建选区，以及抠图合成广告条的一些技巧。

7.1 网站广告条的类型

目前网站中最常见的广告条有动态广告条和静态广告条两种类型，具体如下。

● 动态广告条

在浏览网页的过程中，闪烁的图案能够瞬间刺激记忆，容易引起注意，但这种记忆往往是压迫性的，久而久之容易产生负面效应，从而模糊记忆。

● 静态广告条

如果有良好的界面引导和内容，稳定的画面可产生良性的记忆，从而持久而牢固，但不易引发特殊的关注。

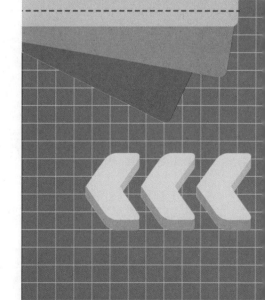

本章知识点

☑ 广告条的常见尺寸

☑ 使用不同方法抠图

☑ 修边和去边

☑ 使用画笔工具

☑ 使用图层蒙版合成图像

7.2 广告条的常见尺寸

大部分网页都会放置一些广告条，广告条设计是一项十分精确的工作，所以对尺寸要求也十分严格。

● 468×60 像素

这是国际标准尺寸，一般用于 GIF 动画制作。在设计页面的时候，可以根据网页页面占用空间的大小来制定广告条的位置和广告条大小。

● 392×72 像素

该尺寸用于垂直导航条，目前在网上比较常见的有 GIF 和 FLA 两种格式。

● 120×60 像素

该尺寸用于按钮设计，是目前国内网站应用最广泛的广告形式之一。

● 88×31 像素

该尺寸为国内网站应用最广泛的 Button 按钮，也称为网站的 Logo。

● 120×240 像素

这是垂直旗帜的尺寸，国内的网站比较少见。

● 125×125 像素

这是方形的广告条，国外网站应用较多，国内网站比较少见。但由于该尺寸比较方正，与其他尺寸相比，该尺寸在创作上有了一定的空间。

7.3 如何设计好的广告条

当今社会，广告条已成为互联网产品的一大推广平台。好的广告条能够吸引顾客的注意，如何设计一个好的广告条就成为一个值得探讨、研究的问题。

总体来说，一个设计成功的广告条具有以下 3 个特点。

● **文字简单**

广告条的广告语读起来要朗朗上口，文字要尽量简单，通俗易懂，用一两句话就可以清楚表达所说的内容。

字符样式最好使用黑体等比较粗的字体，否则容易被用户忽略，注意力被网页上的其他内容所吸引。

● **图形简单**

图形不要太复杂，尽量选择颜色数少，并且能够表达清楚问题的图形。

如果选择颜色较复杂的图形，就要提前考虑一下如果在颜色数少的情况下，会不会产生明显的噪点。

尽量不要使用彩虹色、晕边等复杂的特殊图形效果，否则会增加图形所占据的颜色数，增大体积。

● **体积小**

为避免对下载速度产生影响，广告条所占的空间应尽可能小。

如 468×60 像素的广告条，最好是 15KB 左右，不要超过 22KB。而 88×31 像素的广告条最好控制在 5KB 左右，不要超过 7KB。

7.4 完美抠图合成广告条

"抠图"是合成网页广告条常用的一项操作，想要准确地从图像中提取自己需要的部分，就需要抠图，很多优秀广告条的制作都需要抠图合成。

7.4.1　磁性套索工具抠图

在 Photoshop 中有很多工具可以帮助我们完成这项操作，如果想要提取的对象边缘比较清晰且与背景颜色有明显的对比，就可以使用"磁性套索工具"。

选择"磁性套索工具"，将鼠标沿着图像中想要提取的对象边缘移动，光标经过的地方将会有许多的锚点来连接选区。如果想要闭合路径，只要将光标移至起点处单击即可。

➡ 实例 42+ 视频：制作果盘广告条

通过上面的讲解，我们已经知道使用"磁性套索工具"可以将图像中想要的部分载入选区，然后就可以单独对其进行处理了。

🏠 源文件：源文件 \ 第 7 章 \ 果盘广告条 .psd

📶 操作视频：视频 \ 第 7 章 \ 果盘广告条 .swf

01 ▶ 执行"文件 > 打开"命令，打开素材文件"素材 \ 第 7 章 \001.jpg"。

02 ▶ 打开"素材 \ 第 7 章 \002.jpg"，使用"磁性套索工具"沿着果盘绘制选区。

03 ▶ 将选区内的图像直接拖入到设计文档中，并适当调整其位置和大小。

04 ▶ 执行"图层 > 新建调整图层 > 曲线"命令，在弹出的"属性"面板中设置参数。

05 ▶ 新建图层，载入"图层 1"的选区，使用白色柔边画笔适当涂抹果盘下方。

提问：如何用其他方法插入图片？

答：可以直接将素材文件拖入到设计文档中，然后在拖入的图像中绘制选区，为其添加图层蒙版。

7.4.2 快速选择

"快速选择工具"也是一个创建选区比较快捷的工具，利用调整画笔的大小，在想要抠取的对象中拖动鼠标就可以快速创建选区，选区会随着鼠标的移动自动查找想要提取的图像的边缘。在绘制选区时可能会出现误差，这时就需要适当调整选区了。

➡️ 实例 43+ 视频：制作美食广告条

通过上面的讲解，我们已经知道"快速选择工具"是一个快速创建选区的工具，下面将使用该工具抠图，然后合成一幅美食广告条。

🏠 源文件：源文件 \ 第 7 章 \ 美食广告条 .psd

🔊 操作视频：视频 \ 第 7 章 \ 美食广告条 .swf

01 ▶ 执行"文件 > 打开"命令，打开素材文件"素材 \ 第 7 章 \003.jpg"。

02 ▶ 打开素材图像"素材 \ 第 7 章 \004.jpg"，选择"快速选择工具"，鼠标在盘内移动以绘制选区。

03 ▶ 使用"移动工具"将选区内的图像拖入到设计文档中，并适当调整其位置大小。

04 ▶ 使用"矩形选框工具"创建一个十字选区，反转选区后为其添加图层蒙版。

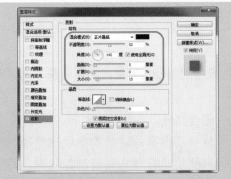

05 ▶ 双击该图层缩览图，在"图像样式"对话框中选择"投影"选项，并进行相应设置。

06 ▶ 设置完成后单击"确定"按钮，得到图像效果。

07 ▶ 执行"图层 > 新建调整图层 > 曲线"命令，在弹出的"属性"面板中设置参数值，得到图像最终效果。

提问：如何创建十字选区？

答：选择"圆角矩形工具"，先创建一个横条矩形选框，在选项栏中单击"添加到选区"按钮，即可在横条选区基础上再次创建一个竖条选区。

7.4.3　使用魔棒工具

与"快速选择工具"相同，"魔棒工具"也是一个快捷抠图工具，不同的是"魔棒工具"是通过设置的颜色容差值的大小来选取图像中的颜色范围。容差值越低，选取时所包含的颜色范围和选区越小，相反的容差值越高，选取时所包含的颜色范围和选区越广。

如果想要抠取图像中连续的颜色区域，可勾选选项栏中的"连续"选项。

7.4.4 使用钢笔工具

"钢笔工具"主要是利用在想要抠取的图像边缘绘制路径，然后将路径转换为选区来实现抠图效果。

● **绘制路径**

单击"钢笔工具"，设置"工具模式"为"路径"，使用鼠标在抠取对象的边缘单击，新建工作路径。在抠取对象边缘多次移动鼠标并单击，即可绘制路径。

● **调整路径**

绘制好路径以后，用户仍然可在路径上单击鼠标，以添加一个新锚点，或者按下 Ctrl 键临时切换到"直接选择工具"，以调整当前选中的锚点。

● **闭合路径**

当想要抠取的对象完整地被路径包围时，只要用鼠标单击路径的起始点，即可闭合路径。

● **变换选区**

必须将其变换为选区，才能随便拖动路径内的图像。单击选项栏中的"选区"按钮或按快捷键 Ctrl+Enter 即可将路径转换为选区。

➡ 实例 44+ 视频：制作薯条广告

前面介绍了"钢笔工具"的用法，下面通过一个实例的操作来强化这部分的知识，相信大家很快就会熟悉该工具的操作技巧。

🏠 源文件：源文件 \ 第 7 章 \ 薯条广告 .psd

📡 操作视频：视频 \ 第 7 章 \ 薯条广告 .swf

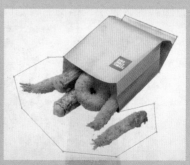

`01` ▶ 执行"文件 > 打开"命令，打开背景素材文件"素材 \ 第 7 章 \005.jpg"。

`02` ▶ 打开素材"素材 \ 第 7 章 \006.jpg"，使用"钢笔工具"沿着薯条绘制路径。

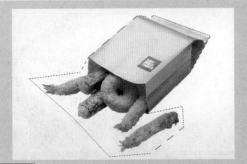

03 ▶按下快捷键 Ctrl+Enter 将路径转换为选区。

04 ▶执行"选择 > 反向"命令，按 Delete 键删除选区内的图像。

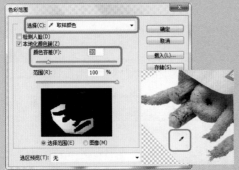

05 ▶取消选区，执行"选择 > 色彩范围"命令，使用鼠标单击黄色背景区域。

06 ▶单击"确定"按钮，按下 Delete 键删除选区中的内容。

07 ▶返回背景文档，使用"移动工具"拖入刚才抠取的图像，调整其位置和大小。

08 ▶使用"钢笔工具"在薯条下方绘制黑色的阴影。

09 ▶将该图层转换为智能对象，执行"滤镜 > 模糊 > 高斯模糊"命令，在弹出的对话框中设置参数。

10 ▶为其添加蒙版，使用黑色柔边画笔擦虚投影边缘部分，并将其"不透明度"降至 20%。

191

11 ▶ 使用相同的方法完成相似内容的制作。

12 ▶ 新建图层，使用"钢笔工具"绘制路径。

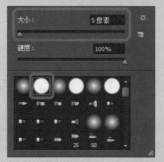

13 ▶ 选择"画笔工具"，设置前景色为 #835e0e，选择一个硬度较大的圆形笔触，"大小"为 5 像素。

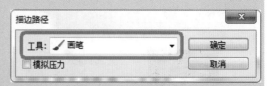

14 ▶ 打开"路径"面板，使用鼠标右键单击路径缩览图空白处，选择"描边路径"，在弹出的"描边路径"对话框中选择"画笔"。

15 ▶ 单击"确定"按钮，得到图像效果。

16 ▶ 使用相同方法完成相似内容的制作。

17 ▶ 打开"字符"面板，进行相应设置，在图像中输入相应文字，得到最终效果。

提问：为什么无法删除选区内的图像？

答：很多用户在做第三步的时候会发现按下 Delete 键无法删除选区内的图像。所以在删除选区内容之前，要先将图层缩略图中的"指示图层部分锁定"图标拖入"图层"面板下方的"删除图层"图标中。

7.4.5 快速蒙版选择图像

在抠图时可能会遇到想要抠取的对象使用常规选区工具无法创建选区，例如一张图像中想要抠取的主体颜色与图像背景颜色没有太大差异，这时就用到"以快速蒙版模式编辑"工具来抠图。

➡ 实例 45+ 视频：制作服装广告条

使用"以快速蒙版模式编辑工具"抠图与"快速选择工具"使用方法差不多，都是调整画笔大小。为了让大家能够轻松了解"以快速蒙版模式编辑工具"的使用方法，下面通过实际操作向大家讲解。

🏠 源文件：源文件 \ 第 7 章 \ 服装广告条 .psd

🔊 操作视频：视频 \ 第 7 章 \ 服装广告条 .swf

01 ▶ 执行"文件 > 打开"命令，打开素材文件"素材 \ 第 7 章 \007.jpg"。

02 ▶ 新建图层，单击"以快速蒙版模式编辑"按钮，然后使用"画笔工具"涂抹人物。

03 ▶再次单击"以快速蒙版模式编辑"按钮，得到选区。

04 ▶按下 Delete 键，即可将背景部分删除，抠取人物。

05 ▶打开素材"素材 \ 第 7 章 \008.jpg"，将抠出的人物拖入，并适当调整其位置和大小。

06 ▶在"背景"上方新建图层，使用黑色柔边画笔涂抹出人物的阴影。

07 ▶单击"图层"面板下方的"新建调整图层"按钮，选择"亮度 / 对比度"选项，在弹出的"属性"面板中设置参数。

08 ▶打开"字符"面板进行相应设置，并在画布中输入相应的文字。

09 ▶双击该图层缩览图，选择"外发光"选项，设置参数。

10 ▶设置完成后单击"确定"按钮，得到图像最终效果。

在绘制人物背后的阴影时，用户可以降低画笔的不透明度，也可以在绘制好阴影后，在"图层"面板中修改图层的整体不透明度。

 　提问：为什么创建剪贴蒙版？
　答：创建剪贴蒙版主要是为了避免新建的调整图层效果会影响其他图层效果，创建剪贴蒙版后只会对其下方的图层有影响。

7.4.6　调整边缘和精确选区

在抠图的时候，不免会遇到一些想要抠取的图像边缘还有一些背景中的杂色无法准确清除掉，这时就需要调整边缘这项操作了。

实例 46+ 视频：制作精美夏装广告

想要将一个图像中的一个对象完美地抠取出来，就要在其周围创建一个精确的选区。下面来一起制作一个实例，为了能够清楚地为大家展示调整边缘的效果，在此选择了一张无法单独使用"钢笔工具"抠出的人物作为素材。

源文件：源文件 \ 第 7 章 \ 精美夏装广告 .psd　　　　操作视频：视频 \ 第 7 章 \ 精美夏装广告 .swf

01 ▶ 执行"文件 > 打开"命令，打开素材文件"素材 \ 第 7 章 \009.jpg"，复制图层，并使用"快速选择工具"绘制选区。

02 ▶ 隐藏背景图层，单击选项栏中的"调整边缘"按钮，在弹出的对话框中进行相应设置，在图像中的人物发丝边缘涂抹。

03 ▶使用相同的方法涂抹人物发丝的其他边缘，涂抹完成后单击"确定"按钮，得到图像效果。

04 ▶打开素材图像"素材 \ 第 7 章 \010.jpg"，拖入抠出的图像，适当旋转并调整其位置和大小。

05 ▶复制图层，分别使用黑白柔边画笔修改蒙版，使人物的边缘更清晰、完整（请隐藏原来的图层）。

06 ▶选择图层（非蒙版），执行"图像 > 调整 > 阴影"命令，在弹出的对话框中适当设置参数值。

07 ▶设置完成后单击"确定"按钮，可以看到人物过暗的阴影部分有了明显的改善，至此完成全部操作步骤。

? 提 问　提问：为什么要将优化后的选区输出到图层蒙版？
　　　答：因为蒙版是非破坏性的，将图像输出到图层蒙版，以便于再次对图像选区的不足之处进行修改。

7.5　使用修边

调整完边缘以后，被抠出的图像边缘可能还存着一些小问题，例如黑色或白色的杂边，利用 Photoshop 中的"修边"可以处理这些棘手的小问题。

7.5.1　移除白边和黑边

在抠完图以后，图像边缘可能会遗留一些细小的白边或黑边，只要很简单的一个小步骤就可以将这些瑕疵清除掉。

执行"图层 > 修边 > 移去黑色杂边"命令，即可去除黑色杂边。

执行"图层 > 修边 > 移去白色杂边"命令，即可去除白色杂边。

7.5.2　去边实现更好的合成效果

"去边"即为移去图像的边缘。执行"图层 > 修边 > 去边"命令，在弹出对话框中的"宽度"文本框中输入想要去除图像的边的宽度参数值，单击"确定"按钮，即可移去图像的边缘。

➡ 实例 47+ 视频：制作时尚服装广告条

执行"图层 > 修边 > 去边"命令修改图像的边缘，操作简单且方便掌握，同时能够使一些合成图像效果更加完美。下面就通过一个实际的操作按钮来学习"去边"命令的具体运用。

 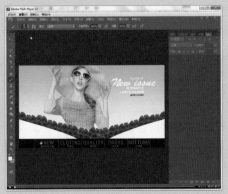

🏠 源文件：源文件 \ 第 7 章 \ 时尚服装广告条 .psd　　🔊 操作视频：视频 \ 第 7 章 \ 时尚服装广告条 .swf

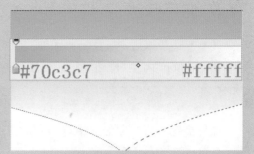

01 ▶ 执行"文件 > 新建"命令，新建一个空白文档。

02 ▶ 新建图层，通过"钢笔工具"创建一个不规则选区，并填充相应的线性渐变色。

03 ▶ 打开素材"素材\第 7 章\011.jpg"，使用"快速选择工具"快速抠出人物。

04 ▶ 将其拖入到新建设计文档中，适当调整其位置和大小，并创建剪贴蒙版。

05 ▶ 使用相同的方法抠取玫瑰，并将其拖入到设计文档中，适当调整位置和大小。

06 ▶ 执行"图层 > 修边 > 去边"命令，在"去边"对话框中设置"宽度"为 50 像素。

07 ▶ 反复复制玫瑰花，并分别调整它们的位置。

08 ▶ 将所有花朵图层编组，然后载入"图层 1"的选区，为该组添加图层蒙版。

09 ▶ 新建图层，使用"椭圆选区工具"创建正圆选区，并填充白色。

10 ▶ 选择"橡皮擦工具"，设置笔触大小为 3 像素，擦除图像中不需要的部分。

11 ▶ 再次新建图层，使用"自定义形状工具"选择合适的形状绘制路径，并变换选区，填充为黑色。

12 ▶ 打开"字符"面板，进行相应设置，在刚才绘制的黑色三角形中间输入白色文字符号。

13 ▶ 使用相同的方法输入其他文字。

14 ▶ 使用相同方法完成相似内容的制作。

15 ▶ 新建图层，选择"钢笔工具"，设置"工具模式"为"路径"，在画布中绘制路径，并转换路径填充颜色为 #fccc00。

16 ▶ 再次新建图层，选择"直线工具"，设置"工具模式"为"像素"，"粗细"为 1 像素，颜色为 #7b7b7b，绘制直线。

17 ▶ 使用相同的方法完成相似制作，得到图像最终效果。

提问：图像执行"去边"命令后合成图像有什么效果？

答：执行"去边"命令后，图像边缘会出现比较模糊的羽化效果，使抠取的对象在背景图像中看起来更自然。

7.6 使用画笔工具

很多初学者可能认为"画笔工具"在 Photoshop 中似乎没有什么大用处，因为使用"画笔工具"并不好控制，"钢笔工具"似乎可以代替它。其实不然，"画笔工具"在 Photoshop 中也有其任何工具都无法代替的作用。

很多的广告都需要各种华丽的装饰，使其起到锦上添花的作用，使用"画笔工具"这个简单的工具就可以完成各种华丽的装饰。单击选项栏中的"切换画笔面板"，在弹出的"画笔"面板中有许多画笔的预设供用户选择，通过设置各项参数来修改当前的画笔，并且可以设置出更多新的画笔形式。

➡ 实例 48+ 视频：制作礼物宣传广告条

使用"画笔工具"究竟能制作什么样的装饰？下面一起来制作一个实例，看看怎样利用简单的"画笔工具"制作令人感到不可思议的华丽光点效果。

源文件：源文件 \ 第 7 章 \ 礼物宣传广告条 .psd　　　操作视频：视频 \ 第 7 章 \ 礼物宣传广告条 .swf

01 ▶执行"文件 > 打开"命令，打开素
材图像"素材 \ 第 7 章 \013.jpg"。

02 ▶新建图层，选择"画笔工具"，进行
相应的设置并在画布中绘制白色圆点。

03 ▶单击选项栏中的"切换画笔面板"按钮，分别选择"画笔笔尖形状"、"散布"和"传
递"选项进行相应的设置。

04 ▶设置完成后关闭"画笔"面板，继续
在画布中拖动鼠标绘制圆点。

05 ▶打开图像"素材 \ 第 7 章 \014.png"，
将其拖入文档中，并适当调整位置和大小。

06 ▶执行"文件 > 新建"命令，新建一
个空白文档。

07 ▶使用"钢笔工具"在画布中绘制任意
颜色的形状。执行"编辑 > 定义画笔预设"
命令，在弹出的对话框中单击"确定"按钮。

08 ▶ 返回设计文档，打开"画笔"面板，分别选择"画笔笔尖形状"、"形状动态"、"散布"和"传递"选项并设置参数值。

09 ▶ 设置完成后关闭"画笔"面板，新建图层，在画布中绘制星星。

10 ▶ 打开"字符"面板进行相应设置，并在图像中输入相应文字。

11 ▶ 使用相同的方法输入其他文字，得到图像最终效果。

? 提 问

提问：为什么要频繁新建图层？

本实例的制作过程中新建了很多图层，在每一个图层上都有一个独立的个体。如果都建立在一个图层上，就会使后面的操作非常不方便，而且修改的时候也会很麻烦。

在定义画笔预设图案时，可以是任意颜色，但是不可以涂抹白色。因为定义画笔时白色和透明像素都会被系统认定为空值。

7.7 使用蒙版合成图像

使用"蒙版"抠图，可以保护抠取对象以外的区域，以便于对抠取出现误差的图像进行调整。使用蒙版抠图，图像中选择的区域也就是不需要的部分将会被图层蒙版遮盖，而需要显示的部分也就是想要抠取的部分就是选择的区域了。

7.7.1 图层蒙版替换图层局部

图层蒙版可以使用绘画工具和选择工具进行编辑，使用图层蒙版抠图是具有保护性的，它可以保护素材的完整性。

图层蒙版有很多种类型，在此重点学习使用率最高的图层蒙版。

要想用一张图像在另一张图像中只显示其中的某个部分，就要遮盖图像中不想显示的部分。

● **画笔工具隐藏图像**

选择"画笔工具"，设置前景色为黑色，在图像中需要隐藏的区域进行涂抹，被画笔涂抹的区域就会被隐藏。

● **使用渐变隐藏图像**

单击"添加图层蒙版"按钮，为图层添加图层蒙版，使用"渐变工具"在图像中拖动，填充黑白渐变。

● **创建选区隐藏图像**

将图像中需要抠取对象使用选区工具框选，单击"图层"面板下方的"添加图层蒙版"按钮，没有被选区框选的区域直接被隐藏，背框选的区域即为选区框选的区域。

执行"图层 > 图层蒙版"命令，在子菜单中可选择不同的选项为图层添加图层蒙版，也可以使用相同方法添加矢量蒙版。为了方便，一般会单击"图层"面板下方的"添加蒙版"按钮为图层添加图层蒙版。

7.7.2 图层蒙版融合图像

有时使用蒙版直接将抠好的图放入另一个背景图像中，可能会出现图像边缘不够圆滑的情况，使合成的图像效果看起来很僵硬，这时就要对图像的边缘进行处理。

➡ **实例 49+ 视频：制作快餐店广告条**

如何使用蒙版抠图？怎样才能让抠取的图像边缘变得圆滑自然？通过下面实例的制作，用户就可以熟练地掌握图层蒙版。

⌂ 源文件：源文件 \ 第 7 章 \ 快餐店广告条 .psd

🔊 操作视频：视频 \ 第 7 章 \ 快餐店广告条 .swf

`01 ▶` 执行"文件 > 打开"命令，打开素材文件"素材 \ 第 7 章 \015.jpg"。

`02 ▶` 打开素材"素材 \ 第 7 章 \016.jpg"，将其拖入到刚才打开的背景中，适当调整位置和大小。

`03 ▶` 单击"图层"面板下方的"添加图层蒙版"按钮，然后使用黑色柔边画笔在拖入的素材边缘涂抹。

`04 ▶` 新建图层，使用"矩形选框工具"在图像中创建选区，并填充颜色为 #e5e2dc。

05 ▶ 为该图层添加蒙版，选择"画笔工具"，并选择合适的笔触，设置前景色为黑色，在色块中反复涂抹，制作出污迹效果，操作完成。

提问：使用"画笔工具"涂抹图像时出错了如何修改？

答：在涂抹图像时有时可能会一不小心多涂了，将图像中不需要隐藏的地方也隐藏了，这时可以将画笔颜色改为白色，在不小心多涂的地方涂抹，图像就会恢复显示。

7.7.3 使用剪贴蒙版

使用剪贴蒙版可以使下方图层的轮廓遮盖上方的图层，上方图层的显示区域由下方图层的范围决定。

➡ 实例 50+ 视频：制作画廊展览小广告

关于剪贴蒙版的应用也是非常广泛的，很多企业利用它制作一些宣传广告。下面通过一个实例的制作，使用户对剪贴蒙版有一定的认识。

🏠 源文件：源文件 \ 第 7 章 \ 画廊展览小广告 .psd　　🔊 操作视频：视频 \ 第 7 章 \ 画廊展览小广告 .swf

01 ▶ 执行"文件>打开"命令，打开素材文件"素材 \ 第 7 章 \017.jpg"。

02 ▶ 选择"钢笔工具"，设置"工具模式"为"形状"，在画布中绘制任意颜色的形状。

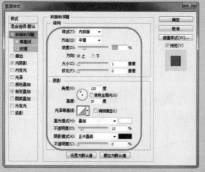

03 ▶ 双击该图层缩览图，选择"斜面和浮雕"选项，设置参数值。

04 ▶ 执行"文件 > 新建"命令，新建一个空白文档。

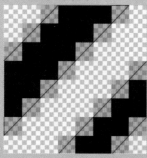

05 ▶ 使用"钢笔工具"，"填充"为黑色，在画布中绘制形状。

06 ▶ 执行"编辑 > 定义图案"命令，在弹出的"图案名称"对话框中单击"确定"按钮。

07 ▶ 返回设计文档中，在"图层样式"对话框中选择"纹理"选项，设置参数值。

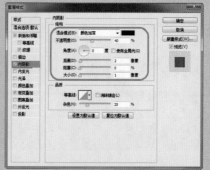

08 ▶ 选择"内阴影"选项，设置参数值。

09 ▶ 返回设计文档中，选择"纹理"选项，设置参数值。

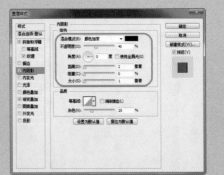

10 ▶ 继续选择"内阴影"选项，设置参数值。

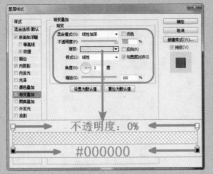

11 ▶ 选择"渐变叠加"选项，设置参数值。

12 ▶ 设置完成后单击"确定"按钮。

13 ▶ 将"素材 \ 第 7 章 \019.jpg"拖入到设计文档中，适当调整其位置。

14 ▶ 使用鼠标右键单击图层缩览图，在弹出的快捷菜单中选择"创建剪贴蒙版"命令。

15 ▶ 使用相同方法完成相似的制作，并将相关图层进行编组，重命名为"框架"。

16 ▶ 使用"矩形工具"在画布中绘制一个任意颜色的矩形。

17 ▶ 使用相同的方法为其添加图层样式，并修改该图层"填充"为 0%。

18 ▶ 使用相同方法完成相似的制作。

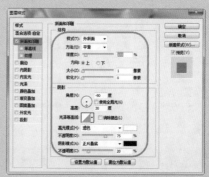

19 ▶ 打开"字符"面板，进行相应设置，并在图像中输入文字。

20 ▶ 打开"图层样式"对话框，选择"斜面和浮雕"选项，设置各项参数。

21 ▶ 设置完成后单击"确定"按钮。新建图层，重命名为"投影"，使用黑色柔边画笔在画布中涂抹。

22 ▶ 修改其"不透明度"为 80%，并将该图层移动到最下方。

提 示　　　本实例中，因为图像中 3 个相框都是相同的，所以在制作好一个相框后将其进行编组，直接复制出另外两个相框，然后将另外两个相框中的照片和文字替换掉即可。

23 ▶ 使用相同方法完成相似内容的制作，得到图像最终效果。

提问

提问： "不透明度"和"填充"有什么区别？

答： "不透明度"用于控制图层、图层组中绘制的像素和形状的不透明度，如果图层应用了图层样式，当该值有所变动时，图层样式也会随着变动。而"填充"则相反，当该值有所变动时，不会影响图层样式的不透明度。

7.8　本章小结

　　本章通过对广告条实例的制作，介绍了许多抠图与合成的方法。抠图与合成是许多平面设计领域都不可缺少的技能，不仅是网页广告条的设计，许多平面广告也是通过抠图合成来完成一幅完整的作品。希望通过本章的学习，用户能够大概掌握抠图与合成的方法和技巧。

第 8 章　网站页面的配色

网页设计是一种集配色和版式设计为一体的设计形式，适当了解和掌握一些色彩和版式方面的理论知识，可以帮助用户更科学合理地布局和表现页面。

8.1　色彩基础知识

配色是网页设计中非常重要的一环，那么不同的颜色是如何产生的？色彩有哪些分类？色彩的构成要素又有哪些呢？这就是本节要讲解的内容。

8.1.1　光和色的三原色

光的三原色是指红色、绿色和蓝色（即 RGB），我们平时使用到的各种显示器就是基于这 3 种颜色显示的。这 3 种颜色相互以不同的比例混合可以生成几乎所有的颜色，却不能为其他颜色所生成，因此被称为"原色"。

色的三原色是指青色、洋红色和黄色（即 CMY），这 3 种颜色的颜料通常被用于印刷。

我们看到印刷品，实际上看到的是纸张反射的光线。纸张本身不是发光体，它只能吸收和反射光线，因此色的三原色就是吸收红、绿、蓝之后反射出的颜色，即青色、洋红色和黄色，它们也是红、绿、蓝的补色。

8.1.2　色种的不同

颜色主要分为 3 种类型：物体色、光源色和固有色，下面是对不同色种特征的具体讲解。

● 物体色

"物体色"是指物体本身没有发光功能，通过对不同光源颜色进行吸收和反射后呈现出的颜色。下图为一些物体色的实例。

● 光源色

　　光源色是指光源，如日光、白炽灯和蜡烛等，照射到不透明物体上所呈现出的颜色。不同物体在不同光源下所呈现出的颜色并不一样，例如一张白纸在太阳光下呈现白色，在白炽灯下则呈现出明显的黄色。聪明的摄影师们总是喜欢通过构造不同的光影效果和色调来体现被摄物体的情绪和内涵。

● 固有色

　　人们习惯上把白色日光下物体呈现出来的色彩称为固有色。严格地说，固有色是指物体固有的属性在常态光源下表现出来的色彩。事实上，我们日常生活中所看见的物体时时刻刻都在受到各种不同光源的影响，所谓的"常态光源"很难实现，所以也有一些人否认固有色的存在。

8.1.3　色彩的构成要素

色彩的构成要素主要有 3 个：色相、饱和度和明度，所有的颜色都可以通过这 3 种属性标示出来。其中"色相"用于标记颜色的相貌，"饱和度"用于标记颜色的纯度，"明度"用于标记颜色的明亮程度。

● **色相**

"色相"是指色彩的相貌，这是区分色彩的主要依据。人们按照可见光谱的顺序将色相划分为 12 种：红、红橙、黄橙、黄、黄绿、绿、绿蓝、蓝绿、蓝、蓝紫、紫和红紫。

● **饱和度**

"饱和度"是指色彩的鲜艳浑浊程度，也称"纯度"。色彩的饱和度越高，色相感就越明确、纯粹，直至得到原色；色彩的饱和度越低，看起来就越灰暗无光，直至得到灰色。

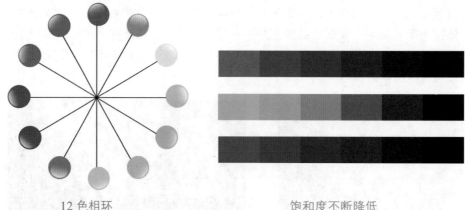

12 色相环　　　　　　　　　　　　　饱和度不断降低

● **明度**

颜色有深浅、明暗的变化，这就是"明度"。明度越高，颜色看起来越明亮；明度越低，颜色看起来越灰暗。所有颜色明度最高均得到白色，所有颜色明度最低均得到黑色。

8.1.4　色彩的混合

色彩混合包括"加色混合"、"减色混合"和"中间混合"，主要是指两种或两种以上的色彩通过混合生成新色彩的方法。

● **加色混合**

"加色混合"也称正混合或加光混合，是由于色光相互混合时明度不断增加而得名。最常见的 RGB 模式就是加色混合模式，电子屏幕就是以这种方式成色的。由加色混合可以得出：

绿色●＋蓝色●＝青色●　　　　　　红色●＋绿色●＝黄色●

红色●＋蓝色●＝洋红●　　　　　　红色●＋绿色●＋蓝色●＝白色○

● **减色混合**

"减色混合"也称负混合或减光混合，是指以色的三原色，即青、洋红和黄色构成彩色图像。这三种色彩相互混合生成的新色彩明度会不断降低，彩色照片就是以这种方式成色的。由减色混合可以得出：

洋红●＋黄色●＝红色●　　　　　　青色●＋黄色●＝绿色●

青色 ●+ 洋红 ● = 蓝色 ●

青色 ●+ 洋红 ● + 黄色 ● = 黑色 ●

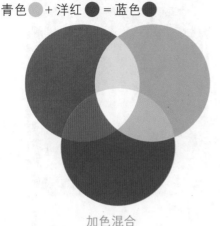

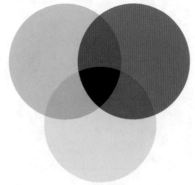

加色混合

减色混合

中性混合

"中性混合"是指色彩并没有真正混合，但由于人的视觉停留造成颜色混合错觉的混合方式，主要包括"色盘旋转混合"和"空间视觉混合"。

将两种以上的颜色等量涂抹在圆盘上，使其快速旋转，即可看到新的颜色，这种现象称为"色盘旋转混合"，比较常见的例子有风车、电风扇和旋转木马等。

把不同的颜色以点、线、网或小块面等形状错杂排列在纸张上，离开一段距离就能看到空间混合出来的新颜色，这种现象就叫做"空间视觉混合"。

报纸印刷所使用的网点印刷就是利用了色彩空间混合的原理。凑近看，报纸上的图像和文字都是由一些密密麻麻的原色点组成的。但是拿远看，这些墨点就可以混合出颜色过渡丰富、真实感强烈的图像。

8.1.5 色彩的分类

色彩主要分为两大类：有彩色和无彩色。有彩色是指诸如红、绿、蓝、青、洋红和黄等具有"色相"属性的颜色；无彩色则指黑、白和灰等中性色。

有彩色

有彩色是指我们能够看到的所有色彩，包括各种原色、原色之间的混合，以及原色与无彩色之间的混合所生成的颜色，有彩色中的任何一种颜色都具备完整的"色相"、"饱和度"和"明度"属性。

● 无彩色

无彩色是指黑色、白色，以及这两种颜色混合而成的各种深浅不同的灰色。无彩色不具备"色相"属性，因此也就无所谓饱和度。从严格意义上讲，无彩色只是不同明度的具体体现。

无彩色虽然不像有彩色那样多姿多彩，引人注目，但在设计中却有着无可取代的地位。因为中性色可以和任何有彩色完美地搭配在一起，所以常被用于衔接和过渡多种"跳跃"的颜色。而且在日常生活中，我们所看到的颜色都多多少少包含一些中性色的成分，所以才会呈现如此丰富多彩的视觉效果。

8.1.6　不同的色系

色系主要分为原色、次生色、三次色、邻近色、互补色和对比色等。正确理解和掌握这些知识有利于更科学高效地配色。

● 原色

原色主要包括之前讲过的光的三原色：红、绿、蓝，以及色的三原色：青、洋红、黄。这 6 种颜色相互以不同的比例混合可以生成其他颜色，但本身无法由其他颜色混合而成。

● 次生色

将任意两种相邻的原色进行混合得到的颜色就叫做次生色。依据这个定义，分别将光的三原色和色的三原色两两进行混合，得到：

红色● + 绿色● = 黄色●   青色● + 洋红色● = 蓝色●

绿色● + 蓝色● = 青色●   洋红色● + 黄色● = 红色●

蓝色● + 红色● = 洋红色●   黄色● + 青色● = 绿色●

通过上面的公式，我们惊奇地发现，光的三原色两两相互混合，得到的次生色正是色的三原色。而色的三原色相互混合，也正好得到光的三原色。我们可以使用下图的色环帮助记忆，色环中的正三角形是红、绿、蓝，倒三角形是青、洋红、黄。

此外，我们常说的彩虹的 7 种颜色：赤、橙、黄、绿、青、蓝、紫，也是通过一个 RGB 原色和一个 CMY 原色间隔排列组合而成的。

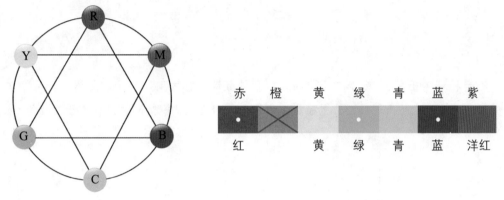

三次色

三次色是指由原色和次生色混合生成的颜色，在色环中处于原色与次生色之间。由于红、绿、蓝和青、洋红、黄互为次生色，所以在 12 色环中，除这 6 种原色之外的其余 6 种颜色都是三次色。

邻近色

邻近色中往往都包含一个共有的颜色，例如红色、玫红色和洋红色，它们都含有大量的红色。在色相环上任选一色，与此色相距 90°，或者彼此相隔五六个数位的两色，即为邻近色。邻近色一般有两个范围，绿、蓝、紫的邻近色大部分在冷色范围内，红、橙、黄的邻近色大部分在暖色范围内。

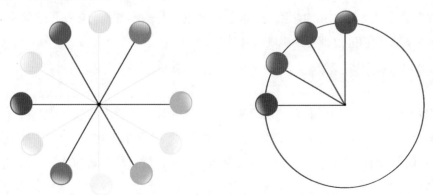

● 互补色

凡两种颜色相互混合产生白色或灰色，则称其中一种颜色为另一种颜色的互补色。互补色在色环上总是处在一条直线的两端。若要求出一种颜色的互补色，请套用下列公式：

R=（255-<u>R</u>）

G=（255-<u>G</u>）　注：带下划线的是已知颜色的数值。

B=（255-<u>B</u>）

举例说明：

已知：红色，RGB（255、0、0），

那么它的互补色为 $\begin{cases} R=（255\text{-}255）=0 \\ G=（255\text{-}0）=255 \\ B=（255\text{-}0）=255 \end{cases}$ 即绿色＋蓝色＝ 青色

● 对比色

在色相环中相距 120°，或者 120° 以上的颜色被称为对比色。顾名思义，互为对比色的颜色从视觉上给人一种对立的感觉。事实上，对比色的视觉对立感仅次于互补色。

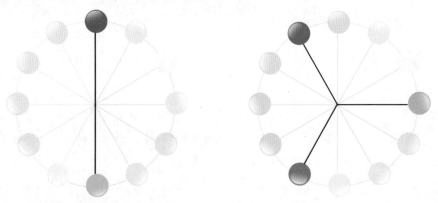

8.2 色彩的视觉心理感受

颜色本身是中性的，没有任何感情色彩，人们由于长时间的认知和感受自然而然地建立起一套完整的、对于不同颜色的心理感受。例如看到红色就联想到火焰的热情与暴躁，看到黄色就联想到太阳的和煦与温暖，看到绿色就联想到小草的清新……了解不同色彩的意向，可以帮助我们通过画面正确表达各种情绪。

8.2.1　色彩的轻重

色彩的轻重感主要通过颜色的明度来体现。一般来说，明度比较高的颜色给人以密度小、重量轻、漂浮和敏捷的感觉，例如蓝天、白云、羽毛和彩虹等。

明度较低的颜色则给人以密度大，重量大、下沉、沉稳和含蓄的感觉，例如金属、皮革等物体。

8.2.2　色彩的冷暖

　　色彩本身并无冷暖，只是人们在视觉上延伸出来的心理感受。例如看到红色、橙色和黄色就会联想到太阳、火苗、烛光等温暖的事物，看到蓝色、青色和紫色就会联想到冰雪、下雨、海洋等冰凉或空旷的事物。

　　色彩的冷暖不仅仅体现在固定的色向上，还体现在色相的倾向性，云彩是这一现象最经典的体现。画朝霞时，为了表现出清冷的感觉，往往会加入一些玫红色。而在画晚霞时，则会添入大量的橙红色和黄色，用来变现浓郁而热烈的氛围。

8.2.3　色彩的软硬

　　色彩的色相与软硬感没有太大的关系，但是不同的明度和饱和度会给人强烈的软硬差距感。一般来说，高明度、高饱和的颜色看起来更加柔软，例如云朵、棉花、布料和花瓣等。低明度、低纯度的颜色则给人感觉坚硬厚重，例如钢铁、汽车和乌云等。

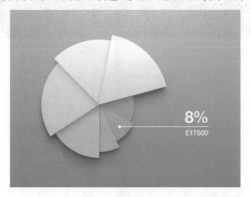

8.2.4　色彩的大小

暖色和高明度的颜色总会给人以蓬松、柔软、上升和轻飘飘的感觉，因此有强烈的膨胀感。冷色和低明度的颜色则会给人以冰冷、坚硬、内敛和沉稳的感觉，因此有后退和收缩的感觉。

8.2.5　色彩的活泼和庄重感

高明度、高纯度、高对比度的颜色会给人以活泼、跳跃、朝气蓬勃的感觉，低纯度、低明度的颜色则会给人以庄重、沉静、内敛和正式的感觉。

一般来说，儿童类插画多选用天蓝、橙黄、黄色、粉红和嫩绿等较为活泼的颜色，以契合儿童活泼可爱的天性。而一些珠宝、汽车和高端电子产品则会选用黑、白、灰、深蓝、深红等颜色，以体现产品的深邃感和品质感。

8.2.6　色彩的兴奋和沉静感

决定色彩兴奋程度的主要因素为色相和饱和度。总体来说，蓝色、青色和紫色等低饱和度的冷色会给人以沉静的感觉；红色、橙色和黄色等高饱和度的暖色会给人以兴奋的感觉。

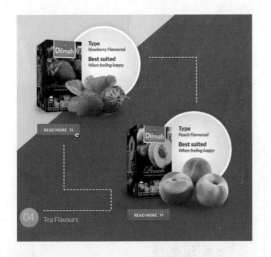

8.2.7　色彩的华丽和朴素感

　　饱和度对于色彩的华丽感和朴素感有很大的影响。一般来说，高饱和度的红色、玫红和紫红等色彩会给人以华丽、高贵和夸张的感觉；低饱和度的棕色、土黄、黑、白、灰等色彩则会给人以朴素、柔和及复古的感觉。

8.3　网页配色标准

　　网页的受众很广，为了保证一个页面在大部分用户的屏幕上能够正常显示，所以对网页配色有一套严格的标准。设计师只要按照标准选用颜色，就能够保证用户看到的实际页面效果和自己设计出的效果同样出彩。

8.3.1　Web 安全颜色

　　网页中的颜色显示情况会受到不同因素的影响，其中最重要的就是用户屏幕的显示效果。即使为自己的网页选用最正确、最完善的配色方案，但实际显示效果依然会因为显示器的不同而不同。

　　那么如何才能解决这个问题呢？为了解决不同显示器颜色显示效果不统一的问题，人们一致通过了一组在所有浏览器中都类似的 Web 安全颜色。

Web 安全色可以用相应的 16 进制值 00、33、66、99、CC 和 FF 来表达三原色（RGB）中的每一种。也就是说，可能的输出结果包括 6 种红色调、6 种绿色调和 6 种蓝色调，6×6×6 的结果就是 216 种特定的颜色。这些颜色可以被安全地应用于网页中，而不需要担心在不同屏幕中的显示效果出现偏差。

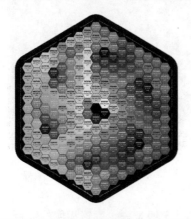

8.3.2 使用 Web 安全色调色板

在 Photoshop 中，用户可以在"色板"面板中载入 216 种 Web 安全颜色，以确保应用到网页中的颜色全部可以被正常显示。

用户可以执行"窗口 > 色板"命令，打开"色板"面板。单击面板右上方的 按钮，在弹出的面板菜单中选择"Web 安全颜色"选项，即可使用 Web 安全色替换色板中的默认颜色。

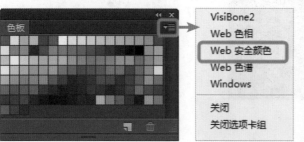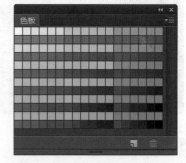

> **提示** 单击"色板"面板中的一个小色块，即可快速将其指定为新的"前景色"或"背景色"。使用面板下方的 按钮，可使用当前前景色创建新的颜色样本；使用 按钮可以删除指定的颜色样本。

8.4 网页配色技巧

在对网页进行配色时，要做到整体协调统一，重点色突出，还要巧妙、合理地过渡几种冲突的颜色。此外还要特别注意文字的颜色，最好能够选择与背景反差大的颜色，这样更利于阅读。

8.4.1　色彩搭配的原则

对网页进行配色时，需要遵循以下 3 个原则，下面分别详细进行介绍。

● 整体色调协调统一

任何形式的设计都要注意整体色调的协调一致性，网页设计同样如此。只有全面控制好构成页面的色彩的色相、饱和度、明度和面积关系，才能使最终页面在视觉上呈现出高度协调一致的效果，从而达到传达信息的目的。

● 配色要有重点色

配色时，我们可以以将某种颜色作为页面的重点色，重点色应该是比背景色更强烈鲜艳的色彩，最好能以小面积的形式出现，以营造出整体版式灵动活跃的效果，从而吸引浏览者的注意。

不过在布局重点色时，要特别注意色块与其他颜色的协调程度。如果版面色彩过于突兀，就要考虑使用其他中性色进行调和。

● 调和及衔接不协调的颜色

当页面中包含两种或两种以上的不协调颜色时，就需要使用其他颜色进行调和及过渡。通常可以使用两种方法调和不协调的颜色，一是使用大面积的黑、白、灰等中性色进行调和，二是使用两种对比色中间的几种颜色平滑过渡二者。

以下图的页面为例，页面中的洋红色和青色在色环中相距 120°，属于对比色。洋红和蓝色，蓝色和青色在色环中相距 60°，属于邻近色。为了消除洋红和两种蓝色的对立感，页面中添加了大量的白色对颜色进行平衡，而且使用三角形来分割各种色彩的形状，不仅成功抵消了色彩的跳跃感，还使得整个版面妙趣横生。

8.4.2　确定网页的主题色

不同的色彩具有不同的意象，红色代表热烈奔放，黄色代表温暖活泼，蓝色使人沉静忧郁，黑、白、灰给人以高端专业的感觉……确定主题色时，一定要遵循整体协调统一、局部重点突出的原则，仔细考虑页面想要传达出的信息和情感，选择最合适的一种或两种颜色作为整体色调。

虽然网页设计对于颜色的使用数量没有任何限制，但为了整体效果的协调一致性，建议不要使用两种以上的主题色。有企业形象识别系统的，更应该按照规定的企业标准色进行页面设计。下图为两款配色出彩的网站页面。

8.4.3　正确选择文字的颜色

文字是组成页面的重要元素之一，它的主要功能就是准确地传达各种信息。相较于图片来说，文字配色应该直观明确，易于识别，具有很强的可读性。

页面中的文字分为两种：标题文字和正文文字。对于标题文字而言，可以将其作为页面的装饰性元素，按照页面整体颜色效果来选用颜色。对于正文来说，由于字体很小，所以要避免使用与背景过于接近的颜色，以免降低文字的可识别和可阅读性。

　　总体来说，正文应该选用背景的补色或对比色，例如黑底白字、白底黑字和蓝底白字等。如果需要设置和背景接近的文字颜色，以强化页面整体的协调感，那么可考虑拉开文字颜色和背景颜色的明度和饱和度，例如浅粉背景深棕字，或者浅青背景青灰字等，这样也比较容易区分文字和背景。

8.5　网页风格与配色

　　不同的颜色往往能够引起人们不同的情感反应，这就是所谓的色彩联想。根据页面所要传达出的具体情感合理选用不同的颜色，是每个网页设计师必须具备的职业素养。正确合理地使用相应的颜色布局页面，可以使制作出的页面更专业、更美观；而置科学的配色原理于不顾，胡乱用色，只能制作出稚拙俗气的作品。

8.5.1　暖色调配色

　　暖色主要包括红色、橙红色、黄色、橙黄色和黄绿色等色彩。以暖色为主色调的页面能够传达给受众一种健康阳光、积极向上、温暖和煦、热情奔放的情感。一般来说，餐饮类和儿童类网站往往更偏爱暖色调的页面效果。

8.5.2　冷色调配色

　　冷色主要包括绿蓝色、蓝色、青色、青蓝色和紫色等色彩。以冷色为主色调的页面一般会传达给浏览者理智、冷静、高科技和清爽的感觉。一般来讲，很多高端正规的企业和大部分的电子产品企业会选用冷色调作为网站的主色调，尤其是青色和蓝色，以强化企业良好的形象。

提示 对于色相环中冷暖色交界处的颜色来说，我们很难断定它们到底是冷色还是暖色。例如绿色，由黄色（暖色）和青色（冷色）混合而成，当绿色中的黄色居多时，它是暖色。当绿色中的青色居多时，它就属于冷色。

8.5.3 稳定、安静风格的配色

一般来说，低饱和度、低明度的色彩会传达出一种稳定安静的感觉，例如深蓝、深灰和黑色等。很多奢侈品牌和高端电子产品企业都会选择这些深色系的颜色作为网页的主色调，以强调出企业的沉稳可靠和严谨含蓄。

8.5.4 发挥白色效果的配色

白色属于中性色，它可以完美地和任何颜色搭配在一起使用而不会产生任何冲突感。白色的包容性很强，本身也没有冷暖的倾向，因此常被用于调和几种对立的颜色，使整体版面和色调更加平衡。

白色与暖色搭配在一起会显得温暖平和；与冷色搭配在一起会显得冰凉理智；和低纯度的颜色搭配在一起也会显得低调而有魅力。

8.5.5　高彩度的配色

　　饱和度比较高的色彩往往会传递给受众一种活泼好动、张扬个性、热情不羁和古灵精怪的感觉。高彩度的色彩更容易吸引用户的注意力，所以一般网页中的 Logo、按钮和图标等零散细碎的元素才会采用。如果要大面积使用，对设计师是一个不小的挑战。

　　一般来说，儿童类网站和设计公司的网站更喜欢采用高彩度配色方案，以体现出活泼可爱和个性奔放的感觉。

8.5.6　低彩度的配色

　　低饱和度的色彩会给人一种温和柔软、细腻含蓄和兼收并蓄的感觉。色彩之间的对立感往往是由于色相与饱和度引起的，降低饱和度则意味着在颜色中加入了中性灰色，自然也会降低颜色的对立感。

　　一些走情感路线的网站往往很喜欢这种低彩度的配色，这类网站可谓将协调演绎到了极致，使浏览者从视觉到情感都由衷地感到舒适和惬意。

8.6 影响网站配色的因素

在对网页进行配色时，往往会受到以下 4 个因素的影响：行业特征、产品所处的生命周期、色彩的意向和个性，以及浏览者的偏好。

8.6.1 根据行业特征选择网页配色

通常人们在想起任何事物时，都会自然而然地将其与性质相一致的色彩对号入座，这就是联想的作用。例如想到咖啡，就会联想到棕色的醇厚温暖；想到医院，就会联想到白色和蓝色的冰凉冷静。

在设计和制作网页之前，首先应该仔细调查和收集各种数据资料，以科学客观的分析方法确定出符合本行业形象的色彩。

下面是根据不同行业的特点归纳出来的各行业形象的代表色。

色 系	代 表 行 业
红色系	服装百货、服务行业、餐饮行业、医疗药品、数码家电
橙色系	餐饮行业、建筑行业、娱乐行业、服装百货、工作室
黄色系	儿童、餐饮行业、楼盘、工作室、饮食营养、农业、房产家居
绿色系	教育培训、水果蔬菜、工业设计、印刷出版、交通旅游、医疗保健、环境保护、音乐、园林
蓝色系	教育培训、水族馆、企业公司、进出口贸易、航空、冷饮、旅游、工业化工、航海、新闻媒体、生物科技、财经证券
紫色系	爱情婚姻、女性用品、化妆品、美容保养、社区论坛、奢侈品
粉红色系	女性用品、爱情婚姻、化妆品、美容保养
棕色系	工业设计、电子杂志、博客日记、宠物玩具、运输交通、建筑装潢、律师、 企业顾问
黑色系	电影动画、艺术、时尚、赛车跑车
白色系	金融保险、银行、珠宝、电子机械、医疗保健、电子商务、公司企业、自然科学、生物科技

8.6.2 根据生命周期选择网页配色

产品的生命周期是指从该产品进入市场，直到被市场淘汰的整个过程。产品生命周期包括导入期、发展期、成熟期和衰退期。可以根据产品所处不同周期时市场的反应和企业所要达到的营销宣传效果，来确定网页的配色方案。

● **导入期**

处在导入期的产品一般都是刚上市，还未被消费者所熟知。为了加强宣传力度，刺激消费者的感官，增强消费者对产品的记忆度，可以选用艳丽的单色作为主色调，将产品的特性清晰而直观地诠释给用户。

● **发展期**

处在发展期的产品一般已为消费者所熟知，市场占有率也开始相对提高，并开始有竞争者出现。为了体现企业与其他同类行业的差异性，这一阶段的网页应该选择比较时尚和鲜艳的颜色作为主色调。

> **提示** 相对于导入期而言，发展期的页面设计颜色可以更加丰富多彩，版式也可以更加随意灵活。

● **成熟期**

处在成熟期的产品一般已经有了比较客观、稳定的市场占有率，消费者对产品的了解也已经很深刻，并且有了一定的忠诚感。而此时市场也已经接近饱和，企业通常无法再通过寻找和开发新市场来提高市场占有率。

此时企业宣传的重点应该是维持现有顾客对品牌的信赖感和忠诚感，而不是吸引新用户，所以应该选用一些比较安静、沉稳的颜色作为网页的主色调。

衰退期

当产品处于衰退期阶段时，消费者对产品的忠诚度和新鲜感都会有所降低，他们会开始寻找其他的新产品来满足需求，最终导致市场份额不断下降。

这一阶段的主要宣传目标就是保持消费者对产品的新鲜感，因此，网页所采用的颜色应该是比较独特的颜色，或者是流行色，对产品形象进行重新改进和强化。

8.6.3　根据色彩联想选择网页配色

正如前面反复提到过的，人们看到每种不同的颜色后，总是会下意识地寻找生活中常见的同类颜色事物，再通过具象的物体引申出抽象的情感。例如看到红色会联想到太阳、火焰，使人们感受到温暖和热情。看到蓝色就会联想到天空、海洋和液体，进而感受到清新、空旷和忧郁。

由于生活环境的不同，并非所有人对色彩的感受和认知都一致，但仍然可以找出大多数人对于色彩认知的相对一致性，并有效运用这些心理感受，使网页所要表达的信息和情感正确传递给大部分的受众。

色　彩	具　象　联　想	抽　象　联　想
红　色	太阳、火焰、花朵、血、苹果、樱桃、草莓、辣椒……	热情、热烈、兴奋、勇气、个性张扬、暴躁、残忍……

橙　色	橘子、橙子、晚霞、夕阳、果汁……	温暖、积极向上、欢快活泼……
黄　色	阳光、向日葵、太阳、香蕉、柠檬、花朵、黄金……	温暖和煦、温馨、幸福健康、活泼好动、明亮……
绿　色	树叶、小草、蔬菜、西瓜、植物……	生机蓬勃、希望、新鲜、放松、环保、年轻、健康……
青　色	天空、大海、湖泊、水……	轻松惬意、空旷清新、自由、清爽凉爽、神圣……
蓝　色	天空、制服、液体……	冰冷、严肃、规则制度、冷静、庄重、深沉沉闷……
紫　色	葡萄、茄子、薰衣草、紫藤花、花朵、乌云……	华丽、高贵、神秘、浪漫、美艳、忧郁、憋闷、恐怖……
黑　色	头发、夜晚、墨水、乌鸦、禁闭室……	深沉、神秘、黑暗、压抑压迫、厚重、邪恶、绝望、孤独……
白　色	云朵、棉花、羊毛、雪、纸、婚纱、牛奶、斑马线……	洁净、清新、纯洁、圣洁、柔和、正义、冰冷……
灰　色	金属、阴天、水泥、烟雾……	朴素、模糊、滞重、消极、阴沉、优柔寡断……

8.6.4　根据受众色彩偏好选择网页配色

　　一个全新的产品在上市之前，必然已经确定了目标群体范围，这个范围可以大致通过年龄、性别、地区、经济状况和受教育程度等因素来确定。在确定网页主题色时，也需要对不同人群所偏爱的颜色做一些了解，以制作出更符合受众胃口的页面，从而达到预期的宣传效果。

● 不同性别人群对色彩的偏好

色彩偏好 性别	色 相 偏 好		色 调 偏 好	
男　性	蓝色 深蓝色 深绿色 棕色 黑色 灰色		深色调 暗色调 钝色调	

女 性	粉红 红色 紫色 紫红色 青色 橙红色		亮色调 明艳色调 粉色调	

● 不同年龄段人群对色彩的偏好

年龄段 色彩偏好	0~12 岁 （儿童）	13~20 岁 （青少年）	21~35 岁 （青年）	36~50 岁 （中年）
色彩选择	红色、黄色、绿色等明艳温暖的颜色	红色、橙色、黄色和青色等高纯度高明度色彩	纯度和明度适中的颜色，还有中性色	低纯度、低明度的颜色，稳重严肃的颜色

● 不同国家和地区对色彩的偏好

色彩偏好 国家地区	喜欢的颜色		厌恶的颜色	
中 国	红色、黄色、蓝色等艳丽的颜色		黑色、白色、灰色等黯淡的颜色	
法 国	灰色、白色、粉红色		黄色、墨绿色	
德 国	红色、橙色、黄色等温暖明艳的颜色		深蓝色、茶色、黑色	
马来西亚	红色、绿色		黄色	

新加坡	红色、绿色			黄色	
日 本	黑色、紫色、红色			绿色	
泰 国	红色、黄色			黑色、橄榄绿	
埃 及	绿色			蓝色	
阿根廷	红色、黄色、绿色			黑色、紫色、紫褐色	
墨西哥	白色、绿色			紫色、黄色	

8.7 本章小结

　　本章主要介绍一些基础的色彩知识，主要包括光与色的三原色分析、色彩的构成要素、色彩的视觉心理感受、Web 安全颜色，以及根据网站风格和内容选择配色方案等。希望通过本章的学习，读者能够科学合理地分析一些成熟的网页作品，不断积累经验，争取早日设计出专业美观的网站页面。

第9章 网页的版式和布局

网页的版式和布局有一些约定俗成的标准和固定的套路。对于一个新手来说，了解一些比较常用的网页版式和布局方式，可以大大降低工作难度。

9.1 常见的网页布局方式

常见的网页布局方式主要有："国"字型、拐角型、标题正文型、左右框架型、上下框架型、封面型、Flash型和变化型。

9.1.1 "国"字型

"国"字型网页通常会在页面最上面放置Logo、导航和横幅广告条。接下来就是网站的主体内容，分为左、中、右三大块。页面最下面是网站的一些基本信息、联系方式和版权声明等。

一些大型网站通常会采用这种结构罗列大量的信息和产品。下面是"国"字型网页的图解和实际应用效果。

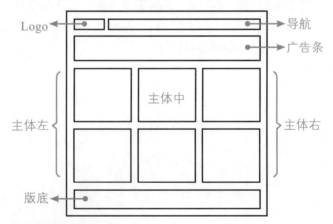

9.1.2 拐角型

拐角型结构与"国"字型结构实际上很接近，只是在形式上略有区别。页面上方同样是Logo、导航和广告条，页面中间部分左侧是一列略窄的菜单或链接，右侧是比较宽的主体部分。页面下方也是一些网站的辅助信息和版权信息等内容。

拐角型布局也是比较常用的布局方式，下面是拐角型页面的图解和实际应用效果。

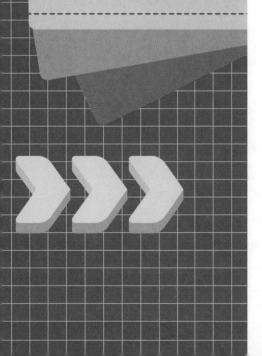

本章知识点

☑ 常见的网页布局方式

☑ 网页文字的设计原则

☑ 网页文字的排版设计

☑ 根据内容决定布局

☑ 页面分割方式

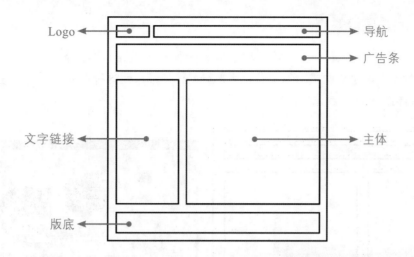

"国"字型页面布局

拐角型页面布局

9.1.3 标题正文型

这种类型的布局方式更像是杂志的排版方式，页面最上方是标题或一些类似的元素，中间是正文部分，最下面是一些版底信息。

我们常用的搜索引擎类网站和注册页面基本都采用这种布局方式。右图是标题正文型布局方式的图解。

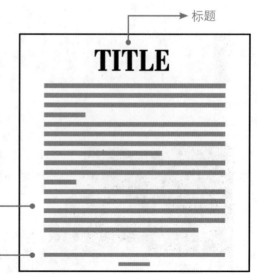

9.1.4 左右框架型

左右框架型结构的页面通常会在左侧放置一列文字链接，有时最上面会有标题或 Logo，页面的右侧则是正文或主体部分，大部分的论坛都采用这种布局方式。下图分别为左右框架型结构的图解和具体应用效果。

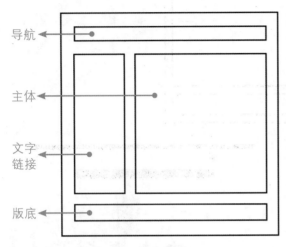

9.1.5 上下框架型

上下框架型结构与左右框架型结构类似，区别仅限于上下框架型页面的文字链接在上方，正文和主体部分在下方。

9.1.6 封面型

封面型布局的页面往往会直接使用一些极具设计感的图像或动画作为网页背景，然后添加一个简单的"进入"按钮就是全部内容了。这种布局方式十分开放自由，如果运用得恰到好处，会给用户带来十分赏心悦目的感觉。

9.1.7 Flash 型

Flash 型布局方式与封面型类似，只是采用了目前流行的 Flash 动画。相较于图像来说，Flash 集画面与声音于一体，不仅可以表现更多的信息和内容，还能更好地渲染页面的活跃气氛。儿童类网站和设计类网站喜欢采用这种布局方式作为首页。

9.1.8 变化型

变化型结构是指同时使用到上面的几种布局方式，或几种不同方式的变形。

例如右图的页面，在视觉效果上很接近左右框架型结构的变化形式，但实际上采用的却是上下框架型结构。

一般来说，一些内容丰富多样的大型网站通常会将几种常用的布局方式结合使用，以防止版面过于规则和刻板。

9.2 文字在网页中的作用

文字和图像是网页中最主要、最基本的两大元素。就信息传递的效果而言，图片虽然更善于吸引注意力，但却容易引发歧义，而文字却不会存在这种问题。总体而言，文字在页面中的作用主要体现在明确性、易读性和美观性 3 个方面。

9.2.1　明确性

文字是通过特定的点化、横竖和圆弧结构组合而成的，是不可变的。比起图像来说，文字传达信息的效果更具有明确性和固定性，所以人们很喜欢采用图文结合的方式来传达各种信息。先使用图像引起浏览者感官上的注意，再配合文字清晰而明确地传达出想要表达的含义和信息。

9.2.2　易读性

文字的合理编排设计可以大大提高页面的易读性。一般来说，对于一些过粗、过细，或者字形结构过于模糊的文字来说，用户需要花更多的时间去辨认，这就在无形中降低了页面的可读性。此外，为文字选用与背景色反差较大的颜色也可以增强易读性。

9.2.3　美观性

近些年来，随着人们审美情趣的不断提升，浏览者对网站页面的美观度也有了更高的要求，这就要求设计师对页面中存在的每个元素都要精心制作，文字就是最好的例子。很

多设计师都乐此不疲地使用点、线条、色块,甚至图像来装饰标题文字,力求使它看起来更酷,有些网页上的文字特效之精美程度简直令人叹为观止!

9.3　网页文字的设计原则

　　如果能够合理编排与设计网页中的文字,那么除了帮助准确传达主题信息之外,还能起到很好的美化整体版面的效果。总体来说,对网页中的文字进行设计时,应该遵循以下两条原则:可读性和艺术化。

9.3.1　可读性

　　文字在网页中的主要作用就是有效传达设计者的意图和相关的信息,因此保证可读性就是文字设计首先要达成的目标。通常可以通过控制字符串的 3 个属性来调整文字的可读性,分别为字体、字号和行距。

● **字体**

　　字体的选择无论对于任何形式的设计来说都是一门大学问,不过对于网页中的正文来说,这倒不是一件太令人头疼的事情。为了使大篇幅的文字更易于辨认和阅读,同时能够在所有用户的计算机上正常显示,默认中文页面中的正文部分一律使用黑体、宋体或楷体等常见的系统字体。

● **字号**

　　字号决定了文字的大小。对于中文网页而言,页面中的正文通常为 12 点的黑体,导航或小标题一类的文本允许放大到 14~16 点。

● **行距**

　　行距的变化不仅会对文本可读性产生影响,还会对整体版面效果产生很大的影响。一般来说,正文的行距应该接近字体尺寸。

9.3.2　艺术化

　　文字已经在人们的意识中形成一种固定的认知，只要按照固有的笔画和形态将线条搭建起来，人们都可以自然而然地将其定义为文字，并能正确读取相应的含义。

　　网页中文字的编排是指将相关的标题文字在视觉上加以图形化和艺术化，使其在形式上与页面中的其他装饰性元素配合更默契，进一步增加页面的美观度。一般可以通过图形化、意象化和重叠文字的方式将文字艺术化。

● 图形化

　　文字的图形化要求在不削弱原有功能的前提下，将其作为图像元素进行艺术处理和加工，最大限度强化文字的美学效果。这就要求设计师充分挖掘想象力和创造力，将文字的笔画形态和走势与具象事物完美融合在一起，制作成极具艺术美感和感染力的艺术文字，为页面添加更多亮点。

● 意象化

　　所谓的意象是指将主观的"意"与客观的"象"相结合，从而使文字更富有表现力的一种艺术化处理方式。例如，为了体现寒冷的感觉将文字制作成寒冰质感，这就是典型的"意象化"。再如，为了表现张扬、动感和活力的感觉将文字的首尾大幅延伸，并设计成流线型，这也属于意象化。

● 重叠文字

　　文字重叠也是一个不错的艺术化处理的方法。文字与文字，或文字与文本在经过重叠排放之后，往往能够产生奇妙的空间感和跳跃感，可强化版面的叙事性，从而使整个页面看起来内容更丰富，更耐人寻味。但是要注意，使用重叠的手法可能会降低文字的可读性，所以要合理选用字体和颜色。

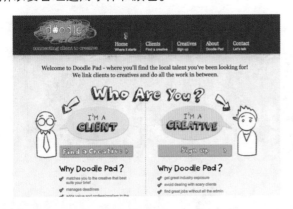 

9.4　网页文字的排版设计

优秀的网页设计师总是将文字的编排和图片放到等重的位置，仔细梳理和调整每一个微小的细节，使页面中的文字既达到美观的视觉效果，又能够快速有效地将相关的信息传达给用户。

9.4.1　文字排版规则

为了使文字的版式效果更符合页面的整体美观度，在设计排版时就需要对各种文字下工夫，常用的文字排版手法有"对比"、"统一与协调"、"平衡"和"视觉诱导"。

● **对比**

对比又分为大小对比、颜色对比、粗细对比、明暗对比、疏密对比、主从对比和综合对比。事实上，"对比"手法是文字排版最常用的手法，之前反复强调的文本颜色要采用背景颜色的对比色，就已经使用了对比手法。

● **统一与协调**

虽然一再强调文字的对比性，但如果运用得过了头，也会造成版面的不协调，导致最终页面效果杂乱无章。

设计特别讲究对比与协调，在整体效果协调的前提下夸大局部元素的对比，使画面效果美观协调又富有变化，文字排版也是如此。

⬤ 平衡

平衡性是指合理安排页面中的各种元素，使整个版面从颜色重量上看是平衡的。事实上，大片雷同的文字极易引起版面失重问题，这就要求设计师能够合理使用各种排版手法打破平淡的布局方式。

在左图中，整个页面中的文字被放置得很分散。此外作者还通过改变字体、字号、颜色和位置等方法来增强页面的跳跃感和趣味性。

通过色块和图片的点缀，页面中各种颜色的平衡性掌握得很好。

⬤ 视觉诱导

为了达到顺畅传达信息的目的，可以先使一部分文字接触到用户的视线，然后顺势诱导用户视线沿既定的顺序进行浏览，这就是视觉诱导。

视觉诱导可以通过两种方式实现：线条的引导和图形的引导。

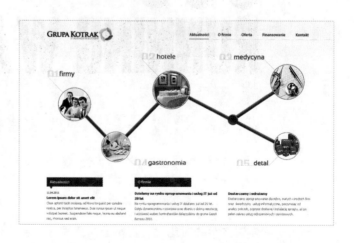

9.4.2　文字排版的常用手法

文字排版是一项非常重要的工作，合理巧妙地对文字进行布局和编排，不仅可以准确有效地向浏览者传递信息，还能使整个页面效果更美观。有些网站甚至完全摒弃了图像，仅靠文字的编排和变化构建起整个网站，这种崇尚极简的风格在欧美地区很受追捧。

● 错落排列文字

将页面中的文字拆分成多个短小的篇幅，错落排列在不同的位置，并对个别字符的大小和颜色进行改变，这可以为页面带来更多的变化和跳跃感，从而增强版面的趣味性，更吸引用户的注意力。

● 分离排列文字

分离排列文字是指将属于同一文字群体的字符单独分离出来进行排列，这是一种比较常见的文字编排手法。这种编排方式可以增加页面的整体性、美观性和活泼轻松的氛围，使网页整体效果更具时尚感和现代感。

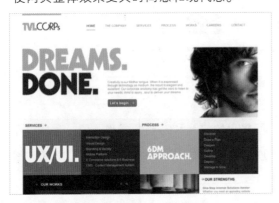

● 将文字以线或面的形式构成

如果要为页面添加更多的趣味性，可以尝试将大段的文字排列成各种形状或线条。相信很多人都看到过由各种文字拼贴成的人脸，这种类型的设计作品即使单独看起来也十分有趣，将它们运用到网页中也定能得到不错的效果。

● 控制页面的四角和对角线

页面的中心是最重要的位置，而页面的四角则是潜在的重要位置。如果页面的四角被文字或其他重要元素所占据，那么整个版面的范围就等同于被圈定，画面的结构就会显得很稳定。将页面对角连接起来的就是对角线。如果在页面的四角或对角线安排文字，就会在视觉上给浏览者以稳定可靠的感觉。

9.5 根据内容决定布局

在布局页面时，每个元素的重要性不同，所采用的排列和布局方式也不同，考虑好不同内容的排列顺序是最重要的。如果要根据页面内容决定网页版式布局，通常可以采用以下 4 种方式。

9.5.1 左侧的页面布局

左侧页面布局是指页面中的内容居左排列。普通的 4:3 屏幕分辨率多为 1024×768px，所以制作网页时一般会确定页面的固定宽度为 1024px，长度可根据具体内容进行调整，如果大于 768px 则需要使用滚动条。

如果用户使用 16:9 宽频来浏览网页，那么 1024px 宽度的页面将无法完全填满整个屏幕，

此时按左侧布局的页面将自动对右侧的像素进行平铺，直至填满整个屏幕。

例如右图的页面，当用户使用宽频浏览时，由于左侧有一张大图，无法被平铺，所以只能将右侧的灰色不断横向平铺以填满屏幕。

9.5.2　水平居中的页面布局

水平居中的页面布局是指页面内容居中布局，这是最常见的一种页面布局方式。采用水平居中的方式布局页面虽然很保险，但很容易导致版面呆板和单调，所以需要在求稳的基础上，在版块分割和装饰性元素上多下工夫。

当用户使用宽频浏览页面时，页面的左右两侧会被同时扩充，以填满屏幕，比较常用的方法是使用纯色、渐变色或图案。

9.5.3　水平和垂直居中的页面布局

水平和垂直居中布局是指将页面的横向和纵向都设定为 100% 的布局方式，这类网页在任何分辨率的屏幕中都会绝对居中显示。

如果一款页面采用了整体性很强，或者很独特的排版方式，任何细微的改动都可能导致页面的美观度大幅下降，那么就需要使用这种方式布局页面。

9.5.4　满屏的页面布局

　　满屏的页面布局是指在搭建程序时不为页面中的各个部分设置固定的位置，而是采用相对的百分比放置元素。这样在不同分辨率下，页面中的各个元素就会自动调整显示的位置，使页面永远满屏显示。

　　但是这种布局方式也存在一个缺点，如果屏幕分辨率发生变化，页面中的图像也可能被缩放，这就无法保证图像的清晰度。解决这个问题的方法就是使用矢量图形和 Flash 动画代替位图图像。

9.6　页面分割方式

　　页面的分割方式主要有横向分割、纵向分割和横向纵向复合分割 3 种形式。在着手制作网页之前，应该根据具体内容采用其中一种分割方式，大致确定页面的整体框架和结构，再不断为局部区域填充细节，以保证页面的整体性。

9.6.1　横向分割

　　横向分割是最常见的页面分割方式。采用横向分割方式布局页面时，会将整个版面水平划分为几个区域，通常最上方是导航，紧接着是 Banner，页面中部为主体部分，最下方往往是版底信息。

　　在分割页面时，如果要强调菜单或者导航部分，那么可以采用纵向分割。如果要强调页面的整体协调性，最好采用横向分割，因为横向分割页面的视觉效果更符合阅读习惯。

9.6.2　纵向分割

纵向分割也是比较常用的一种页面分割方式。对页面进行纵向切割时，最常见的布局方式就是在页面左侧安排一列导航或菜单，并使用醒目的颜色对其进行强调。页面的右侧通常会安排一些正文内容或各类信息。

这种分割方式一般会应用于分类多、信息量大的网页，使用这种方法可以最大限度地强调导航和菜单，方便用户分类检索信息。

9.6.3　横向纵向复合分割

如果要同时横向纵向分割页面，那么通常是以纵向分割为基础。例如页面的左侧是一列菜单，右侧的正文部分采用横向分割的方式排列信息。有些时尚类网站非常青睐这种布局方式，将照片、色块和说明文字交错排列，效果非常养眼。

9.6.4　运用固定区域

　　所谓固定区域是指在页面中的某个特定区域显示全部的内容，这就意味着网页设计出来的效果就是在浏览器中看到的样子，页面中的各个部分不会根据屏幕分辨率的变化而改变布局方式。

　　按照是否将固定区域独立使用的标准，可以将使用固定区域的布局方式分为两类：只运用固定区域和运用与整个区域搭配的固定区域。

9.7　页面布局的连贯性和多样性

　　任何设计都讲究整体上的协调一致性和局部的丰富多变性，网页设计中的连贯性不仅包括视觉上的一致性，还包括动态交互的连贯性。

　　视觉上的连贯性是指通过对图文和其他多媒体元素的一系列编排，来构建出网站整体一致的视觉效果。动态交互的连贯性是指提供在所有页面中都适用的 Logo、导航、菜单和具体内容等元素供用户浏览。

　　保持页面在视觉上的连贯性虽然有助于构建统一的企业形象，但过度追求一致性可能会导致页面过于单调和乏味。

　　例如右图中的页面，它的布局方式非常固定，虽然整体的协调性和一致性体现得非常好，但是局部变化不足，作为首页来说吸引力不够。

左侧页面的排版非常多变，各种色块和形状运用得很频繁。这款页面的整体布局方式没有任何问题，只可惜局部的细节过于烦琐，配色过于跳跃，导致页面的整体美观度大打折扣。

9.8　本章小结

　　本章主要讲解一些网页版式和布局方面的技巧，包括常见的网页布局方式、网页中文字的排版原则和编排手法、根据内容决定页面布局方式，以及页面的分割方式等内容。网页布局和排版是一项无法速成的素养，只有系统掌握色彩和版式的关系，不断进行实战训练才能有所提高。

第 10 章 游戏类网站设计

随着互联网的不断发展和普及，许多网络游戏吸引着越来越多的计算机用户。近年来，大量网络游戏以铺天盖地的趋势涌入，各种各样华丽的网站页面吸引着每一位玩家的眼球。

10.1 制作帅气的游戏网站

面对越来越多的游戏玩家，游戏网页设计也成为当今较为流行和热门的行业，而一款设计出彩的网站网页也对游戏有着不可小视的推广作用。

10.1.1 行业分类

这是一款网络游戏网页。网络游戏页面的配色风格一般会走两个极端，要么阴沉黑暗，要么炫目耀眼，但二者都会使用大量的图片，而且细节刻画的都很到位。

10.1.2 色彩分析

这款游戏界面采用深蓝色作为主色调，只有很少的青色、绿色和红色散落在各处，起到了点睛的作用。各种深深浅浅的蓝色将黑暗憋闷的氛围渲染得很好，整个画面充满大战将来的紧张气氛。

10.1.3 版式分析

这款页面采用上下框架型布局方式布局页面内容，页面的上方为 Logo 和导航，中间部分是主体，最下面是版底信息。

这款页面中的主体部分包含的内容相当丰富，不仅有图片和各种信息，还有登录界面、搜索功能和新闻等内容。

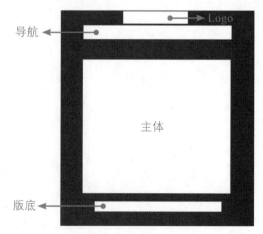

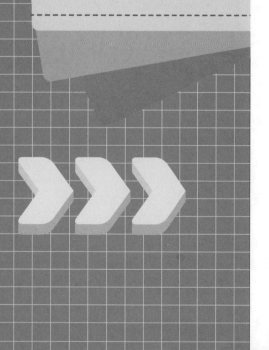

本章知识点

- ☑ 制作帅气的游戏网站
- ☑ 制作华丽的游戏网页
- ☑ 制作魔幻的游戏网站

实例 51+ 视频：帅气游戏网站——导航

相信接触过大型网络游戏的玩家都曾经为那些帅气华丽的网页所折服，每一位玩家在第一次打开这个网页的时候都会感到无比震撼。在通过本实例的制作后，相信读者会对这种风格的网页有全新的认识。

🏠 源文件：源文件 \ 第 10 章 \ 帅气游戏网站 .psd

📶 操作视频：视频 \ 第 10 章 \ 帅气游戏网站 .swf

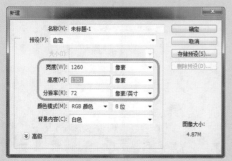

`01 ▶` 执行"文件＞新建"命令，新建一个空白文档。

`02 ▶` 执行"文件＞打开"命令，打开素材文件"素材 \ 第 10 章 \001.jpg"。

`03 ▶` 执行"视图＞标尺"命令，使用"移动工具"在画布中拖出参考线。

`04 ▶` 新建图层，使用"矩形工具"在画布中创建一个黑色的矩形，并修改图层"不透明度"为 30%。

提示　　在绘制黑色透明矩形时，也可以使用"矩形选框工具"创建选区后填充黑色。使用"矩形工具"绘制矩形，可以直接在选项栏中设置"不透明度"为 30%，绘制好矩形后，"图层"面板仍显示为 100%。

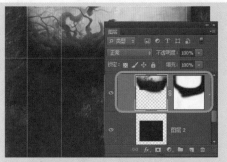

05 ▶ 打开"素材\第 10 章 \002.jpg"文件，将其拖入文档，并适当调整位置和大小。

06 ▶ 使用黑色柔边画笔在拖入的素材图像中涂抹，并添加图层蒙版融合边缘部分。

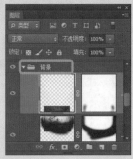

07 ▶ 使用相同的方法拖入另一张素材，并添加图层蒙版调整显示。

08 ▶ 将相关图层进行编组，并将其重命名为"背景"。

09 ▶ 打开素材图像"素材\第 10 章 \004.jpg"，将其拖入到设计文档中。

10 ▶ 再次拖入另一张素材"素材\第 10 章 \005.jpg"，为其创建剪贴蒙版，并修改图层"混合模式"为"叠加"。

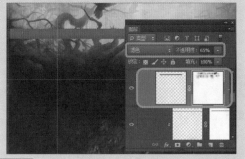

11 ▶ 为其添加图层蒙版，使用黑色柔边画笔并适当降低画笔的不透明度，在图像上半部分涂抹。

12 ▶ 复制"图层 5"至最上方，修改图层"混合模式"为"滤色"，"不透明度"为 65%，再添加图层蒙版对图像进行调整。

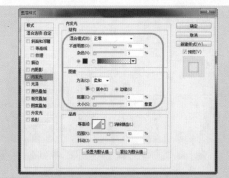

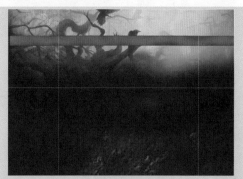

13 ▶双击该图层缩览图，在"图层样式"对话框中选择"内发光"选项，设置参数值。

14 ▶设置完成后单击"确定"按钮，得到图像效果。

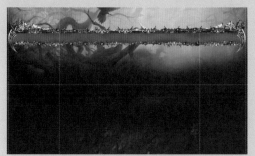

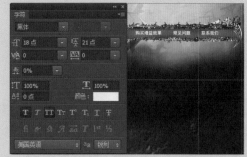

15 ▶使用相同的方法拖入装饰素材，并适当调整位置和大小。

16 ▶打开"字符"面板，设置各项参数，并在画布中输入相应文字。

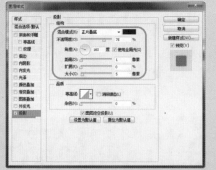

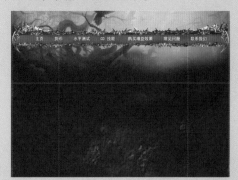

17 ▶双击该图层缩览图，在"图层样式"对话框中选择"内发光"选项，设置参数值。

18 ▶设置完成后单击"确定"按钮，得到图像效果，将相关图层进行编组，重命名为"导航"。

提问：参考线有什么作用？

答：因为网页制作是一项非常精密的工作，所以一个网页的每一部分都要有准确的定位，否则会为后面的切图操作带来不便，导致网页传到网上出现错位的现象，使用参考线有助于确定图片的位置和尺寸。

⇒ 实例 52+ 视频：帅气游戏网站——Logo

网页的 Logo 是整个网站的标志，与整个网站有着紧密的联系。一个网站的 Logo 一定要精美、简约、大气，体现网站的形象和内容。

01 ▶ 使用相同的方法拖入另一张素材文件，并适当调整其位置和大小。

02 ▶ 使用"钢笔工具"在画布中绘制路径并转换为选区，填充颜色为 #1a5259，并为其添加图层蒙版。

03 ▶ 复制该图层，删除图层蒙版，使用"橡皮擦工具"适当擦除图像中不需要的部分。

04 ▶ 修改图层"混合模式"为"叠加"，"不透明度"为 30%。

05 ▶ 使用相同方法完成相似的制作。

06 ▶ 使用相同的方法拖入素材。

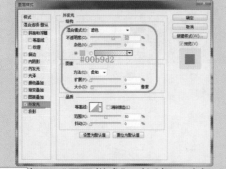

07 ▶ 打开"图层样式"对话框，选择"外发光"选项，设置参数值。

08 ▶ 设置完成后单击"确定"按钮，得到图像效果。

提示　　　将图层中的"蒙版"拖到"图层"面板下方的"删除图层"图标中，在弹出的对话框中选择"删除"按钮，即可删除图层蒙版。若单击"应用"按钮，图像会在应用图层蒙版情况下删除图层蒙版。

09 ▶ 将相关图层进行编组，将其重命名为 Logo，并将该组拖移至 "导航" 下方。

提问：为什么要对图层进行编组？

答：为了方便后面对页面进行修改，每个单独的图像都要占一个图层，到最后会有很多图层，将所有相关图层编组后方便管理和查找每一个元素。

实例 53+ 视频：帅气游戏网站——主体

游戏网页的主体相当于一个网页的说明书，它承载着整个游戏的所有信息，所以在这一部分中所要表达的内容可能比较多一些，如何清楚地向玩家表达这些繁杂的内容，对于一个网页设计师来说是非常不容易的。

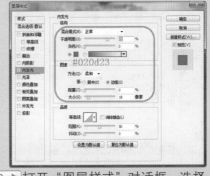

01 ▶ 选择 "矩形选框工具"，在画布中创建选区并填充颜色为 #020d23。

02 ▶ 打开 "图层样式" 对话框，选择 "内发光" 选项，设置参数值。

03 ▶ 设置完成后单击 "确定" 按钮，得到图像效果。

04 ▶ 使用相同的方法拖入边框素材，并调整其位置和大小。

05 ▶ 选中所有相关图层进行编组，并将其重命名为"底框"。

06 ▶ 使用相同的方法完成相似制作。

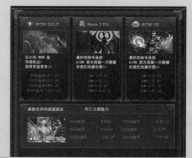

07 ▶ 新建图层，使用"圆角矩形工具"在画布中绘制一个任意颜色的形状。

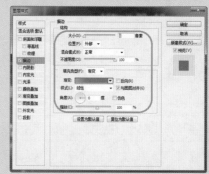

08 ▶ 打开"图层样式"对话框，选择"描边"选项，设置参数，设置完成后单击"确定"按钮。

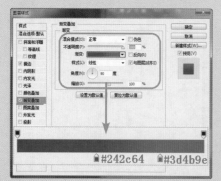

09 ▶ 选择"渐变叠加"选项，设置参数值。

10 ▶ 使用相同方法完成相似的制作。

11 ▶ 使用相同的方法继续制作页面中其他部分内容。

12 ▶ 新建图层，使用"矩形选框工具"创建选区并填充颜色为 #9797c1。

13 ▶ 使用相同的方法不断创建选区并填充颜色，制作出箭头图标。

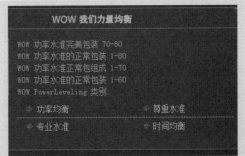

14 ▶ 反复复制该图层，将其拖移到合适的位置，并输入文字。

15 ▶ 使用前面讲过的方法制作主体左边的长方形。

16 ▶ 将该图层载入选区，在其上方新建图层，执行"编辑 > 描边"命令，在弹出的"描边"对话框中进行相应设置。

17 ▶ 设置完成后单击"确定"按钮，使用相同方法完成相似的制作。

18 ▶ 新建图层，使用"矩形选框工具"创建选区，并填充颜色为 #262e40。

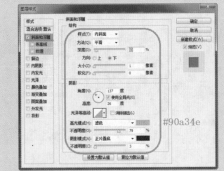

19 ▶ 打开"图层样式"对话框，选择"斜面和浮雕"选项，设置参数值。

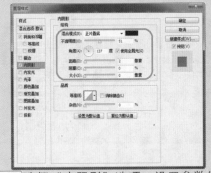

20 ▶ 选择"内阴影"选项，设置参数值。

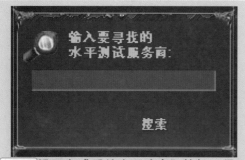

21 ▶ 设置完成后单击"确定"按钮，得到
图像效果。

22 ▶ 使用相同的方法完成"搜索"框下方
的框架。拖入"素材\第10章\046.jpg"文件。

23 ▶ 修改图层"混合模式"为"叠加"，
并为其添加剪贴蒙版。

24 ▶ 使用相同方法完成相似的制作，将相
关图层进行编组，并将其重命名为"英雄"。

25 ▶ 复制该组，并将其拖移至下方，展开
该组，替换该组中的图像和文字，并将该
组重命名为"天赋技能"。

26 ▶ 使用相同方法完成相似的制作。

27 ▶ 新建图层，选择"自定义形状工具"，
并选择合适的图案，在画布中绘制前景色
为 #b1bad0 的图案。

28 ▶ 使用相同方法完成相似的制作。

29 ▶ 新建图层，使用"钢笔工具"绘制路径，转换为选区，并填充颜色为 #7b87af。

30 ▶ 使用相同方法完成相似的制作。

31 ▶ 使用相同的方法制作网页的下半部分，得到图像最终效果。

提问：为什么使用"钢笔工具"绘制钥匙？

答：因为自定义形状中没有该形状，只有"钢笔工具"可以通过控制锚点绘制这种不规则的路径或形状。

➡ 实例 54+ 视频：帅气游戏网站——切图

通过实例操作，相信用户应该初步掌握了如何制作一个静态的游戏网页，由于我们常见的游戏网页都是动态的，所以下一步就要进行切图，为其添加动画。

01 ▶ 执行"视图>标尺"命令，在背景左边部分拖出参考线。

02 ▶ 使用"矩形选框工具"在参考线内创建一个规则的选区。

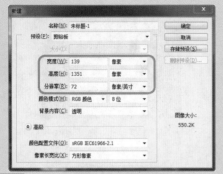

03 ▶执行"编辑 > 合并拷贝"命令。按下快捷键 Ctrl+N,即可弹出"新建"对话框。

04 ▶单击"确定"按钮,即可得到一个与选区一样大小的空白文档。按下快捷键 Ctrl+V 粘贴选区内的图像。

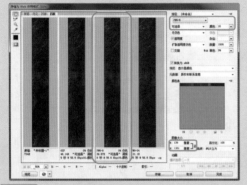

05 ▶执行"文件 > 存储为 Web 所用格式"命令,在弹出的对话框中对图像进行优化。

06 ▶单击"存储"按钮,将文件存储在指定文件夹,并为其重命名。

07 ▶隐藏导航和 Logo,使用相同的方法对图像的上半部分进行切片存储。

08 ▶使用相同的方法对图像的右面和下面进行切图操作。

09 ▶隐藏相关背景和文字图层,单独对导航栏进行切片存储。

10 ▶使用相同的方法对 Logo 进行切片存储。

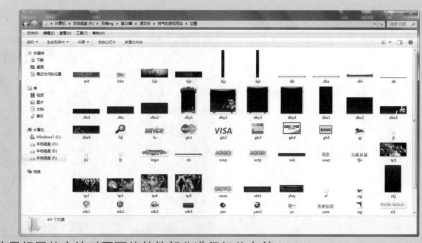

11 ▶ 使用相同的方法对页面的其他部分进行切片存储。

既然背景部分和其他的小框架都被完整地切了出来，那么为什么不能将背景带框架文字一起存为一张图呢？首先是为了降低单个切片的体积，其次是为了在不同页面和不同结构下重复使用这些元素。

提问：为什么对图像进行优化存储？

答：因为所有的网页都要在添加动画后上传到网上，这不仅对图像质量有很高的要求，还要尽量使图像所占内存最小，否则就会影响下载速度。

10.2 制作华丽的游戏网站

面对越来越多的游戏玩家，游戏网页设计行业也成为当今较为流行和热门的行业，设计好一个游戏网页也可以推广一款游戏。

10.2.1 行业分类

本实例同样是一款非常酷的网络游戏页面。一般来说，人们在设计游戏网站中的主页时，总会有意识地弱化各种功能和文字信息，这样版面中就可以有更大的空间来放置一些效果非常炫目的大图片。

10.2.2 色彩分析

这款游戏页面的主色调为灰绿色，木质的导航很好地丰富了画面效果。灰绿色是一种很难用好的颜色，一旦颜色的对比不精妙，或者画面细节刻画得不够，页面整体效果就会显得又灰又脏。

本实例十分巧妙使用树根作为背景，而星星点点的莹绿色烛光则与低明度、低纯度的灰绿色产生了强烈的对比，使整个画面一下子显得神秘而深邃。

10.2.3　版式分析

这款页面从完成效果来看无比复杂，但是将其抽象成框架图后，才发现它的布局方式非常简单，只是普通的上下型框架结构。页面上方是导航，中间是大面积的主体，下面是版底。

不过页面的背景部分使用了大量的素材，使整体效果复杂而华丽。

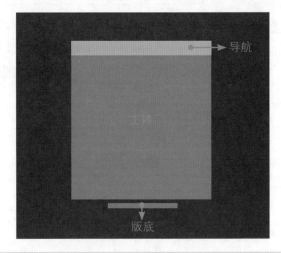

实例 55+ 视频：华丽游戏网站——背景与导航

网页中的文本主要包括标题、正文、信息和文本链接等形式，不同形式的文本应该遵循不同的设计规则。为了吸引注意力，标题文字应该尽可能大。正文在页面中占据的面积比较大，所以其颜色、字体和排列方式应该尽量统一。

源文件：源文件 \ 第 10 章 \ 华丽游戏网站 .psd

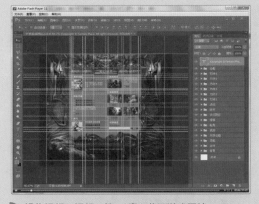

操作视频：视频 \ 第 10 章 \ 华丽游戏网站 .swf

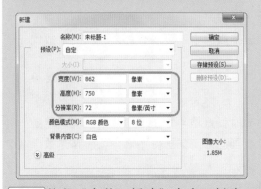

01 ▶ 执行"文件 > 新建"命令，创建一个空白文档。

02 ▶ 新建图层，为画布填充颜色为 #13130f。

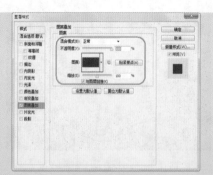

03 ▶打开"图层样式"对话框，选择"图案叠加"选项，设置参数值，并载入素材图案"素材 \ 第 10 章 \053.pat"。

04 ▶设置完成后，单击"确定"按钮，得到图形效果。

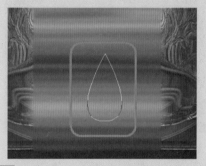

05 ▶打开素材图像"素材 \ 第 10 章 \054.jpg"，拖入到设计文档中，适当调整位置。

06 ▶新建图层，使用"钢笔工具"创建路径。

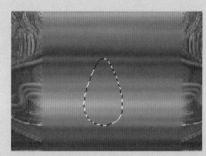

07 ▶使用鼠标右键单击该路径，选择"建立选区"选项，弹出"建立选区"对话框，设置羽化为 10 像素。

08 ▶设置完成后，单击"确定"按钮，将路径转换为选区 。

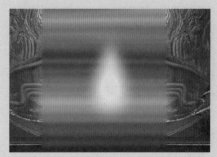

09 ▶为该选区填充颜色 #e1e391，得到图形效果。

10 ▶使用相同的方法完成火焰中心的制作。

11 ▶ 按快捷键 Ctrl+T，适当调整其位置和大小。

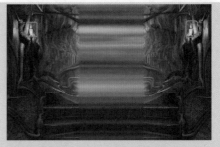

12 ▶ 复制该图层，适当调整位置，然后将相关图层编组为"背景"。

13 ▶ 添加参考线，新建图层，使用"矩形选框工具"创建矩形选区，并填充颜色为#706f39。

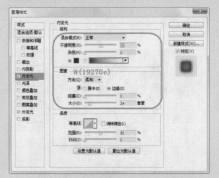

14 ▶ 打开"图层样式"对话框，选择"内发光"选项，设置参数值。

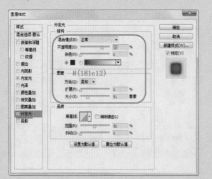

15 ▶ 继续选择对话框中的"外发光"选项，设置参数值。

16 ▶ 设置完成后单击"确定"按钮，得到图形效果。

17 ▶ 使用相同方法完成相似内容的制作。

18 ▶ 新建图层，使用"直线工具"，在画布中绘制一条颜色为#595922 的直线。

19 ▶ 使用相同方法完成相似内容的制作，将相关图层编组为"主体"。

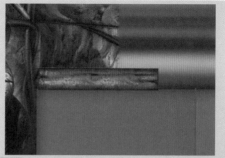

20 ▶ 打开图像"素材 \ 第 10 章 \055.png"，将其拖入设计文档中，并适当调整其位置和大小。

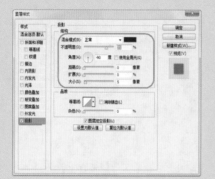

21 ▶ 打开"图层样式"对话框，选择"投影"选项，设置参数值。

22 ▶ 设置完成后单击"确定"按钮，得到阴影效果。

23 ▶ 将该图层复制两次，并适当调整其位置和大小。

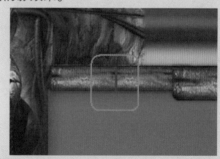

24 ▶ 新建图层，使用"直线工具"，在画布中绘制一条颜色为 #4b3f0e 的直线。

25 ▶ 执行"滤镜 > 模糊 > 高斯模糊"命令，将分隔线模糊 0.7 像素。

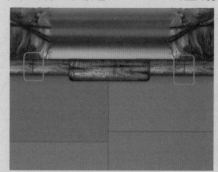

26 ▶ 复制该图层，并适当调整位置。

27 ▶ 打开"字符"面板，进行相应的设置。

28 ▶ 使用"横排文字工具"在画布中输入相应的文字。

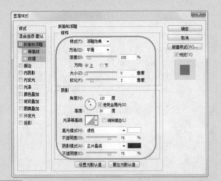

29 ▶ 打开"图层样式"对话框，选择"斜面和浮雕"选项，设置参数值。

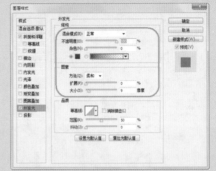

30 ▶ 继续选择对话框中的"外发光"选项，设置参数值。

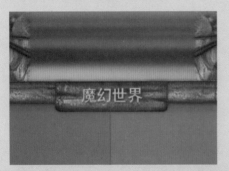

31 ▶ 设置完成后单击"确定"按钮，得到文字的立体效果。

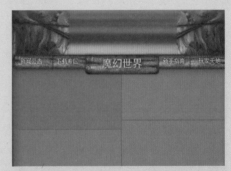

32 ▶ 使用相同方法完成相似内容的制作，并将相关图层编组为"导航"。

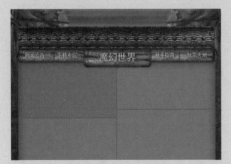

33 ▶ 打开图像"素材\第 10 章\056.jpg"，将其拖入到设计文档中，并适当调整位置。

34 ▶ 使用"钢笔工具"绘制路径并转换为选区，然后按 Delete 键删除选区内的像素。

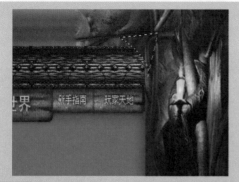

35 ▶ 使用相同方法完成相似内容的制作。

36 ▶ 执行"图像 > 调整 > 色相 / 饱和度"命令，在对话框中进行调整。

37 ▶ 调整后单击"确定"按钮得到效果图。

38 ▶ 使用相同方法完成相似内容的制作，将相关图层编组为"木质边框"。

提问：如何快速切换辅助线的类型？

答：在 Photoshop 中的辅助线分为水平和垂直两种，当创建了一条辅助线后，可以通过按住 Alt 键的同时单击辅助线进行互换。

➡ 实例 56+ 视频：华丽游戏网站——内容与装饰

无论是图形还是文字，都可以采用为其添加阴影的方法实现立体效果。也可以多绘制几个同色系的图形，通过叠加的方式来实现。

01 ▶ 打开图像"素材 \ 第 10 章 \058.png"，将其拖入到设计文档中，适当调整位置。

02 ▶ 复制该图层，执行"编辑 > 变换 > 水平翻转"命令，适当调整位置，并删掉多余的部分，修改"不透明度"为 60%。

03 ▶使用相同方法完成相似内容的制作，将相关图层编组为"底部"。

04 ▶打开图像"素材\第 10 章\061.png"，将其拖入到设计文档中，并适当调整位置。

05 ▶载入该图层选区，新建图层，为选区填充颜色 #5d7726。

06 ▶设置"前景色"为 #6b4116，使用"画笔工具"适当涂抹。

07 ▶打开"图层样式"对话框，选择"投影"选项，设置参数值。

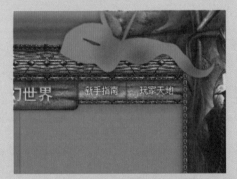

08 ▶设置完成后单击"确定"按钮，得到图形效果。

09 ▶修改图层"混合模式"为"柔光"，得到图形效果。

10 ▶使用相同方法完成相似内容的制作，将相关图层编组为"蛇身"。

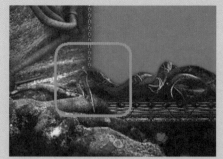

11 ▶ 使用"橡皮工具"适当涂抹"图层 5"的左下角。

12 ▶ 设置"前景色"为 #122009，单击"画笔工具"进行相应的设置。

13 ▶ 新建图层，使用"画笔工具"在画布中适当涂抹。

14 ▶ 使用相同方法完成相似内容的制作，将相关图层编组为"绿草"。

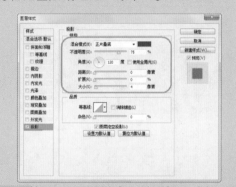

15 ▶ 新建图层，使用"钢笔工具"创建路径，转换为选区，使用"画笔工具"进行涂抹。

16 ▶ 打开"图层样式"对话框，选择"投影"选项，设置参数值。

17 ▶ 设置完成后，单击"确定"按钮，得到图形效果。

18 ▶ 按快捷键 Ctrl+T，将其等比例缩小，适当调整位置。

19 ▶ 使用相同方法完成相似内容的制作。

20 ▶ 新建图层，载入三个铁环选区，并填充颜色 #414d31。

21 ▶ 修改图层"混合模式"为"亮光"。

22 ▶ 使用相同方法完成相似内容的制作，将相关图层编组为"铁环"。

23 ▶ 使用相同方法完成铁环阴影的制作，并将相关图层编组。

24 ▶ 新建图层，使用"钢笔工具"创建路径并转换为选区，填充颜色 #42a207。

25 ▶ 设置"前景色"为 #bde020，使用"画笔工具"适当涂抹。

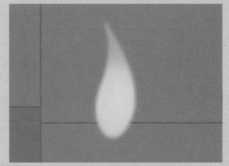

26 ▶ 执行"滤镜＞模糊＞高斯模糊"命令，将火苗模糊 2 像素。

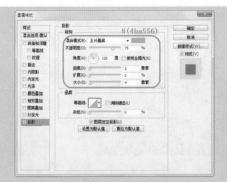

27 ▶ 打开"图层样式"对话框，选择"投影"选项，设置参数值。

28 ▶ 设置完成后单击"确定"按钮，并修改"混合模式"为"强光"。

29 ▶ 按快捷键 Ctrl+T 将其等比例缩小，适当调整位置，并使用相同方法完成相似内容的制作，并将相关图层编组。

30 ▶ 打开素材图像"素材 \ 第 10 章 \063.jpg"，将其拖入到设计文档中，并适当调整位置。

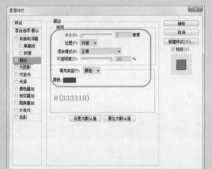

31 ▶ 打开"图层样式"对话框，选择"描边"选项，设置参数值。

32 ▶ 设置完成后单击"确定"按钮，得到图形效果。

33 ▶ 打开"字符"面板，进行相应的设置。

34 ▶ 使用"横排文字工具"在画布中输入相应文字。

35 ▶ 新建图层，使用"钢笔工具"绘制路径并转换为选区，填充颜色为 #a2c301。

36 ▶ 按快捷键 Ctrl+T，将其等比例缩小，适当调整位置。

37 ▶ 使用相同方法完成相似内容的制作。

38 ▶ 新建图层，设置"前景色"为白色，使用"矩形工具"绘制一个矩形。

39 ▶ 修改"前景色"为 #808080，使用"直线工具"绘制直线。

40 ▶ 使用相同方法完成相似内容的制作。

41 ▶ 修改图层"混合模式"为"叠加"，得到图形效果。

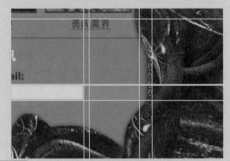

42 ▶ 新建图层，设置"前景色"为 #6e6e6e，使用"圆角矩形工具"绘制半径为 2 像素的圆角矩形。

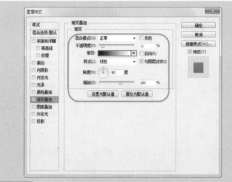 

43 ▶ 打开"图层样式"对话框，选择"渐变叠加"选项，设置参数值。

44 ▶ 设置完成后单击"确定"按钮，得到图形效果。

45 ▶ 修改图层"混合模式"为"正片叠底"，得到图形效果。

46 ▶ 使用相同方法完成文字内容的制作，将相关图层编组为"主体"。

47 ▶ 使用相同方法完成相似内容的制作，并将相关图层编组为"边框"。

提问： "混合模式"中"正片叠底"的原理是什么？

答：此模式会根据当前图像的色彩产生加深作用的效果，所以颜色通常会比原图深。

➡ 实例 57+ 视频：华丽游戏网站——切图

网页中的大部分文字都可以在后期通过 CSS 代码完成，但一些特殊文字和图像的效果，例如带有"投影"或"外发光"图层样式的效果无法通过代码实现，所以要在进行切图操作后独立作为切片给出。

01 ▶ 创建参考线，使用"矩形选框工具"沿着参考线精确创建选区。

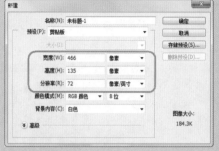

02 ▶ 执行"编辑 > 合并拷贝"命令，按快捷键 Ctrl+N 新建文档。

03 ▶ 按快捷键 Ctrl+V 粘贴图像，然后执行"文件 > 存储为 Web 所用格式"命令。

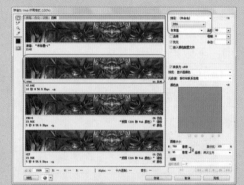

04 ▶ 在弹出的"存储为 Web 所用格式"对话框中适当优化图像，并单击"存储"按钮。

05 ▶ 在弹出的"将优化结果存储为"对话框中输入文件名，并单击"保存"按钮。

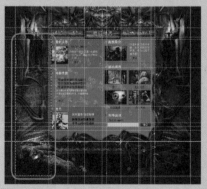

06 ▶ 创建参考线，使用"矩形选框工具"沿着参考线精确创建选区。

07 ▶ 执行"编辑 > 合并拷贝"命令，按快捷键 Ctrl+N 新建文档。

08 ▶ 按快捷键 Ctrl+V 粘贴图像，执行"文件 > 存储为 Web 所用格式"命令。

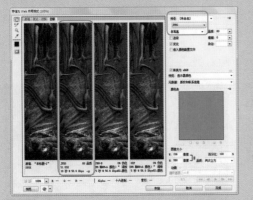

09 ▶ 在弹出的"存储为 Web 所用格式"对话框中适当优化图像，并单击"存储"按钮。

10 ▶ 在弹出的"将优化结果存储为"对话框中输入文件名，并单击"保存"按钮。

11 ▶ 使用相同方法在网页中创建其他切片。

提问：如何对设计中的一些细节进行操作？

　　答：在一些设计中，为了更精确地修改文字或创建路径，用户可以在按住 Ctrl 键的同时按 + 号，将画布放大，再进行修改。相应的，按住 Ctrl 键的同时按 − 号，可以将画布缩小。

10.3 制作魔幻的游戏网站

　　本实例主要制作游戏网页，大多数是由素材完成的，文字也采用了较为常规的字体和颜色，总体来说操作难度不大。

10.3.1　行业分类

这是一款相对比较简单的游戏类网站页面。对于该页面来说，素材精美程度的重要性已经远远超过了布局方式，配色的作用也非常有限。所以制作时也要尽量保留和强调金属纹理的锐利度，以及羊皮纸上的粗糙纹理。

10.3.2　色彩分析

这款页面的主色调是土黄色和棕色，由于颜色对比运用得很到位，给人一种金色的错觉。为了体现神秘和魔幻的感觉，页面中大量使用一些东方式的古老元素作为素材，例如破旧的羊皮纸、太阳样式的章纹、麻神和神兽等。整个画面被布置得安静而神秘，仿佛被守护的是一扇通往未知世界的门。

10.3.3　版式分析

这款页面采用上下框架型的变换形式布局页面内容。页面最上方是夸张的大 Logo，细细的导航连接着下方的主体，框架最下面是版底信息。

页面最下方的两只神兽虽然只是装饰部分，没有承载任何的功能，但却是烘托画面氛围最主要的元素。

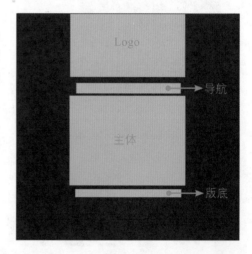

➡ 实例 58+ 视频：魔幻游戏网站——背景与框架

本实例主要制作页面的整体框架，总体来说没有太大的难度，使用素材较多。制作时要特别注意对齐问题，它决定了后面内容的排版，所以一定要认真细心。

🏠 源文件：源文件 \ 第 10 章 \ 魔幻游戏网站 . psd　　📶 操作视频：视频 \ 第 10 章 \ 魔幻游戏网站 . swf

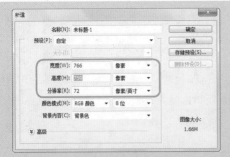

01 ▶ 设置"背景色"为黑色，执行"文件 > 新建"命令，新建一个空白文档。

02 ▶ 打开素材图像"素材 \ 第 10 章 \070. jpg"，将其拖入到设计文档中，适当调整位置。

03 ▶ 复制该图层，执行"编辑 > 变换 > 水平翻转"命令，按住 Shift 键适当调整位置。

04 ▶ 打开素材图像"素材 \ 第 10 章 \071. png"，将其拖入到设计文档中，适当调整位置。

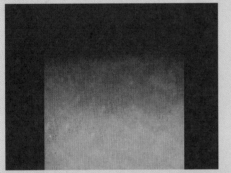

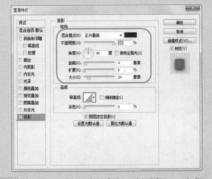

05 ▶ 使用"橡皮工具"适当涂抹画布上方，得到涂抹后的效果。

06 ▶ 打开"图层样式"对话框，选择"投影"选项，设置参数值。

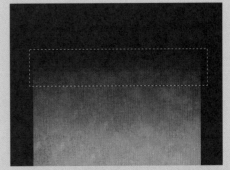

07 ▶ 设置完成后单击"确定"按钮，得到投影效果。

08 ▶ 使用"矩形选框工具"绘制选区，并按快捷键 Ctrl+J 复制图层，清除图层样式。

09 ▶按快捷键Ctrl+T,使用鼠标右键单击图像,分别选择"水平翻转"和"旋转180度"命令,并适当调整位置,将相关图层编组为"背景"。

10 ▶打开素材图像"素材\第10章\072.png",将其拖入到设计文档中,并适当调整位置。

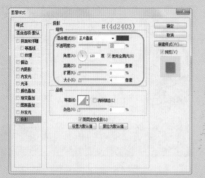

11 ▶打开"图层样式"对话框,选择"投影"选项,设置参数值。

12 ▶设置完成后单击"确定"按钮,得到投影效果。

13 ▶复制该图层,按快捷键Ctrl+T,适当调整其位置和大小。

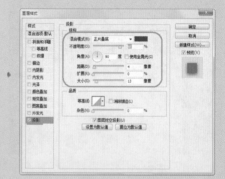

14 ▶打开"图层样式"对话框,选择"投影"选项,修改参数值。

15 ▶设置完成后单击"确定"按钮,得到投影效果。

16 ▶使用相同方法完成相似内容的制作。

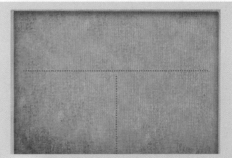

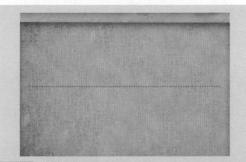

17 ▶ 使用"横排文字工具"输入相应内容，栅格化文字，修改"不透明度"为 54%。

18 ▶ 使用相同方法完成相似内容的制作，将相关图层编组为"框架"。

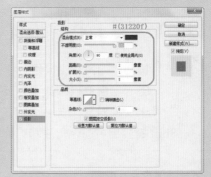

19 ▶ 打开"素材\第10章\073.png"文件，将其拖入到设计文档中，适当调整位置。

20 ▶ 打开"图层样式"对话框，选择"投影"选项，设置参数值。

21 ▶ 设置完成后单击"确定"按钮，得到投影效果。

22 ▶ 新建图层，使用"矩形选框工具"绘制一个矩形选区，执行"编辑 > 描边"命令，设置"宽度"为 3 像素。

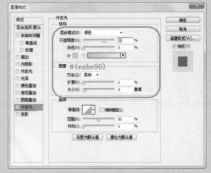

23 ▶ 使用"直线工具"绘制两条直线，制作出信封的效果。

24 ▶ 打开"图层样式"对话框，选择"外发光"选项，设置参数值。

25 ▶ 单击"确定"按钮，得到外发光效果。按快捷键 Ctrl+T，适当调整大小和位置，并使用相同方法完成相似内容的制作，将相关图层编组为"按钮"。

提问：如何快速操作各种自由变换工具？

答：自由变换工具可以通过自由旋转、比例、倾斜、扭曲、透视和变形工具来变换对象，自由变换工具的快捷键为 Ctrl+T，Ctrl 键控制自由变换，Shift 键控制方向、角度和等比例缩放大小，Alt 键控制中心对称。

➡ 实例 59+ 视频：魔幻游戏网站——导航与主体

使用 Photoshop 不仅可以制作各种图像效果，还可以制作网页图像元素。充分地利用、有效地分割有限的页面空间、创造出新的空间，并使其布局合理，才能制作出好的网页。

01 ▶ 打开素材图像"素材\第 10 章\074.png"，将其拖入到设计文档中，适当调整位置。

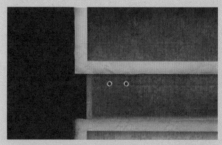

02 ▶ 按住 Alt 键拖动圆环，移动到适当位置选中相关图层，按快捷键 Ctrl+E 将其合并。

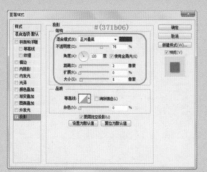

03 ▶ 打开"图层样式"对话框，选择"投影"选项，设置参数值。

04 ▶ 设置完成后单击"确定"按钮，得到图形效果。

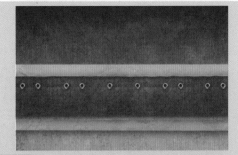

05 ▶使用相同方法完成相似内容的制作。

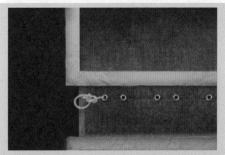

06 ▶打开图像"素材\第 10 章\075.png"，将其拖入到设计文档中，适当调整位置。

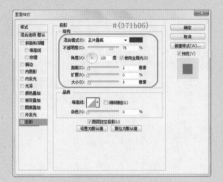

07 ▶打开"图层样式"对话框，选择"投影"选项，设置参数值。

08 ▶设置完成后单击"确定"按钮，得到图形效果。

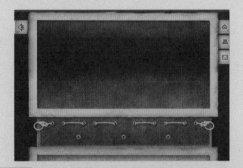

09 ▶使用相同方法完成相似内容的制作。

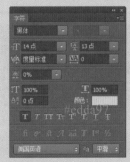

10 ▶打开"字符"面板，进行相应的设置。

11 ▶使用"横排文字工具"在画布中输入相应的文字。

12 ▶打开"图层样式"对话框，选择"渐变叠加"选项，设置参数值。

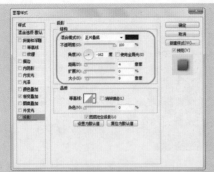

13 ▶ 继续选择对话框中的"投影"选项，设置参数值。

14 ▶ 设置完成后单击"确定"按钮得到图形效果，将相关图层编组为"导航"。

15 ▶ 打开素材图像"素材 \ 第 10 章 \077.png"，将其拖入到设计文档中，适当调整位置。

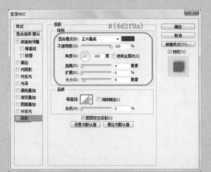

16 ▶ 打开"图层样式"对话框，选择"投影"选项，设置参数值。

17 ▶ 设置完成后单击"确定"按钮，得到投影效果。

18 ▶ 打开"字符"面板，进行相应的设置。

19 ▶ 使用"横排文字工具"在画布中输入相应的文字。

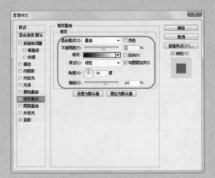

20 ▶ 打开"图层样式"对话框，选择"渐变叠加"选项，设置参数值。

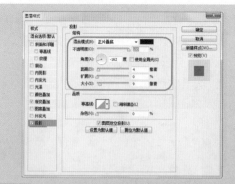

21 ▶ 继续选择对话框中的"投影"选项，设置参数值。

22 ▶ 设置完成后单击"确定"按钮，得到图形效果。

23 ▶ 使用相同方法完成相似内容的制作，将相关图层编组为"logo"。

24 ▶ 新建图层，使用"矩形选框工具"绘制矩形选区，填充颜色为 #370d00。

25 ▶ 修改图层的"不透明度"为 52%，得到图形效果。

26 ▶ 打开"素材\第10章\078.jpg"文件，将其拖入到设计文档中，适当调整位置。

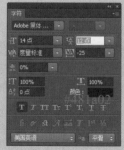

27 ▶ 打开"字符"面板进行相应的设置。

28 ▶ 使用"横排文字工具"在画布中输入相应的文字。

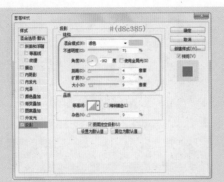

29 ▶ 打开"图层样式"对话框，选择"投影"选项，设置参数值。

30 ▶ 设置完成后单击"确定"按钮，得到投影效果。

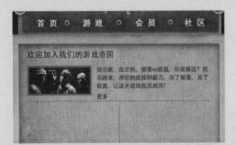

31 ▶ 使用相同方法完成相似内容的制作。

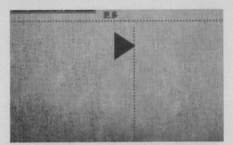

32 ▶ 新建图层，使用"钢笔工具"，绘制一个三角形路径并转换为选区，填充颜色为 #491c03。

33 ▶ 按快捷键 Ctrl+T，将其等比例缩小，适当调整位置。

34 ▶ 使用相同方法完成相似内容的制作，并将相关图层编组。

35 ▶ 隐藏相关图层，使用"钢笔工具"沿着狗的嘴部绘制路径，并转换为选区，按快捷键 Ctrl+J 复制图层。

36 ▶ 将该图层移至图层最上方，并显示相关图层。

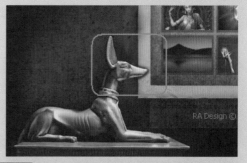

37 ▶ 复制该图层，执行"编辑 > 变换 > 水平翻转"命令，按住 Shift 键将其适当调整位置。

38 ▶ 载入该图层选区，在该图层下方新建图层，使用黑色柔边画笔适当涂抹选区。

39 ▶ 修改图层的"不透明度"为 55%，使阴影更自然。

40 ▶ 使用相同方法完成相似内容的制作，将相关图层编组为"修饰"。

41 ▶ 至此完成该网页的全部制作过程，得到"图层"最终效果。

提问：如何修改图层样式？

　答：图层样式和文本图层一样可以重复编辑和修改，使用起来特别方便，只需双击图层样式图标，即可反复修改图层样式。

实例 60+ 视频：魔幻游戏网站——切图

用户可以在原始文档中隐藏所有无关的图层，将其合并拷贝并粘贴到新文档中，还可以直接拖曳相应图层到新文档，这样同样可以得到透底图像。

01 ▶ 创建参考线，使用"矩形选框工具"沿着参考线精确创建选区。

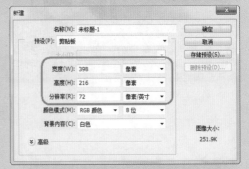

02 ▶ 执行"编辑 > 合并拷贝"命令，按快捷键 Ctrl+N 新建文档。

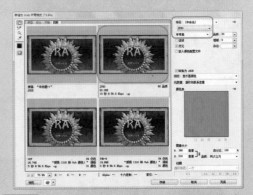

03 ▶ 按快捷键 Ctrl+V 粘贴图像，执行"文件 > 存储为 Web 所用格式"命令。

04 ▶ 在弹出的"存储为 Web 所用格式"对话框中对图像适当优化存储。

05 ▶ 创建参考线，使用"矩形选框工具"沿着参考线精确创建选区。

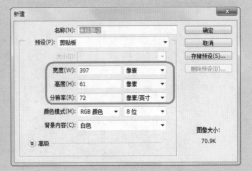

06 ▶ 执行"编辑 > 合并拷贝"命令，按快捷键 Ctrl+N 新建文档。

提示   Ctrl+N 即是新建文档的快捷键，本实例在创建选区后执行了"编辑 > 合并拷贝"命令，然后新建文档，在弹出的"新建"对话框中的参数值就是选区的大小，不用重新再设置参数值了。

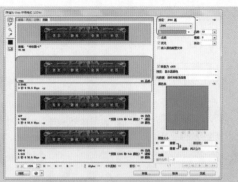

07 ▶ 按快捷键 Ctrl+V 粘贴图像，执行"文件 > 存储为 Web 所用格式"命令。

08 ▶ 在弹出的"存储为 Web 所用格式"对话框中对图像适当优化存储。

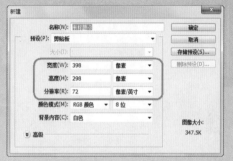

09 ▶ 创建参考线，使用"矩形选框工具"沿着参考线精确创建选区。

10 ▶ 执行"编辑 > 合并拷贝"命令，按快捷键 Ctrl+N 新建文档。

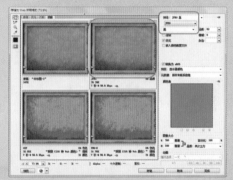

11 ▶ 按快捷键 Ctrl+V 粘贴图像，执行"文件 > 存储为 Web 所用格式"命令。

12 ▶ 在弹出的"存储为 Web 所用格式"对话框中对图像适当优化存储。

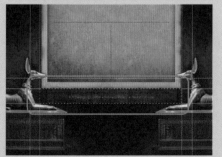

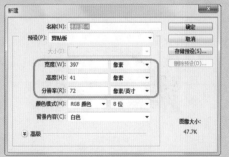

13 ▶ 创建参考线，使用"矩形选框工具"沿着参考线精确创建选区。

14 ▶ 执行"编辑 > 合并拷贝"命令，按快捷键 Ctrl+N 新建文档。

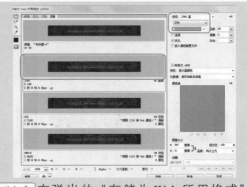

15 ▶ 按快捷键 Ctrl+V 粘贴图像，执行"文件 > 存储为 Web 所用格式"命令。

16 ▶ 在弹出的"存储为 Web 所用格式"对话框中对图像进行优化存储。

17 ▶ 创建参考线，使用"矩形选框工具"沿着参考线精确创建选区。

18 ▶ 执行"编辑 > 合并拷贝"命令，按快捷键 Ctrl+N 新建文档。

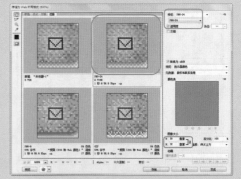

19 ▶ 按快捷键 Ctrl+V 粘贴图像，执行"文件 > 存储为 Web 所用格式"命令。

20 ▶ 在弹出的"存储为 Web 所用格式"对话框中对图像进行优化存储。

21 ▶ 创建参考线，使用"矩形选框工具"沿着参考线精确创建选区。

22 ▶ 执行"编辑 > 合并拷贝"命令，按快捷键 Ctrl+N 新建文档。

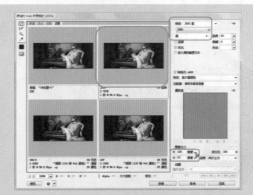

23 ▶ 按快捷键 Ctrl+V 粘贴图像，执行"文件 > 存储为 Web 所用格式"命令。

24 ▶ 在弹出的"存储为 Web 所用格式"对话框中对图像适当优化存储。

25 ▶ 使用相同方法在网页中创建其他切片，并分别对其进行优化存储。

提问：制作网页时需注意什么？

答：在制作时需要注意页面的布局要有新意，色彩的搭配要明快，以及页面的排版，这样才能吸引浏览者了解活动详情，进而兼顾视觉的造型和美学的创造性，以此突出设计中的各个构成要素。

10.4 本章小结

本章主要通过 3 个游戏网页的制作，介绍了当前比较流行的游戏网页制作的流程及网页设计的要点。通过对本章的学习，希望读者对设计这类华丽风格的页面有一定的了解。

第 11 章　休闲类网站设计

设计网页时，要注意界面的规范性，争取做到以用户为中心，保持界面风格清晰一致，简单且美观，文字表述要言简意赅，易于理解。

11.1　制作儿童类网站

在这一小节中，将试着制作一款完整的儿童类网站页面。这款页面包含的内容比较少，所以制作起来并没有太大的难度。

11.1.1　行业分类

这是一款儿童教育培训类的网站页面。该页面采用温暖朴素的黄色作为主色调，完美地融合了儿童网站应有的活泼和培训类网站的严谨。

11.1.2　色彩分析

这款页面采用温暖朴实的浅土黄色和深灰色作为主色调，为了强调页面的轻松感，在局部位置点缀橙黄色、嫩绿色和灰蓝色。从总体效果来看，这款页面既有培训类网站的严谨，又兼顾儿童网站的活泼。

11.1.3　版式分析

从大体来看，这款页面采用了左右框架型结构的变化形式。页面左半部分包含了导航、Logo、Banner 和版底信息，图片式菜单横跨页面的两个部分，右半部分只有一些简单的文字信息。

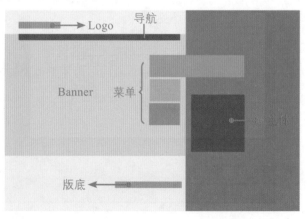

实例 61+ 视频：儿童类网站——背景和导航

优秀的网页设计不仅能够从外观上给浏览者留下深刻的印象，而且能够使浏览者全面、快速地了解相关的产品信息。

源文件：源文件 \ 第 11 章 \ 儿童类网站 . psd

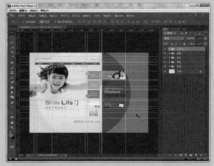

操作视频：视频 \ 第 11 章 \ 儿童类网站 . swf

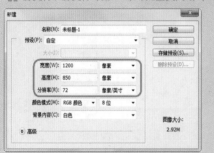

01 ▶ 执行"文件 > 新建"命令，新建一个空白文档。

02 ▶ 设置"前景色"为 #f0eee7，按快捷键 Alt+Delete 为画布填充前景色。

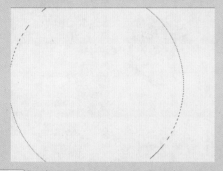

03 ▶ 新建图层，使用"椭圆选框工具"在画布中绘制椭圆选区，并填充前景色。

04 ▶ 打开"图层样式"对话框，选择"斜面和浮雕"选项，设置参数值。

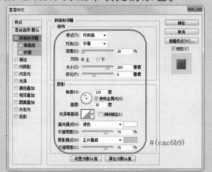

05 ▶ 设置完成后单击"确定"按钮，得到图形效果。

06 ▶ 新建图层，使用"矩形选框工具"绘制矩形选区，并填充颜色 #535453。

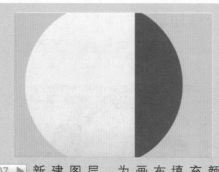

07 ▶ 新建图层，为画布填充颜色 #d1cbbb，并使用"椭圆选框工具"绘制正圆选区，按 Delete 键删除选区内的像素。

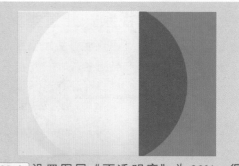

08 ▶ 设置图层"不透明度"为30%，得到图形效果。

09 ▶ 执行"文件 > 打开"命令，打开素材图像"素材 \ 第 11 章 \001.png"，将其拖入到设计文档中，并适当调整位置。

10 ▶ 设置图层"混合模式"为"正片叠底"，得到图形效果。

11 ▶ 新建图层，使用白色柔边画笔在人物头部适当涂抹，绘制出亮光效果。

12 ▶ 设置"混合模式"为"叠加"，"不透明度"为70%，将相关图层编组为"背景"。

13 ▶ 执行"视图 > 标尺"命令，显示标尺，在文档上方添加 4 条参考线。

14 ▶ 新建图层，设置"前景色"为 #535353，使用"圆角矩形工具"绘制一个圆角矩形。

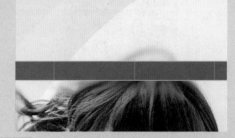

15 ▶新建图层,设置"前景色"为白色,使用"直线工具"绘制直线。

16 ▶修改该图层的"不透明度"为 23%,得到图形效果。

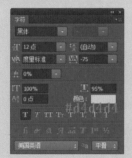

17 ▶打开"字符"面板,进行相应的设置。

18 ▶使用"横排文字工具"在画布中输入相应文字。

19 ▶使用相同方法完成相似内容的制作,并将相关图层编组为"导航"。

提问:如何快速修改图层的"不透明度"?

答:在本实例中经常会用到修改图层的"不透明度",那么我们可以选中要修改的图层,在键盘上按下要修改的数字即可,例如按 0 时,"不透明度"为 100%。按 4 时,"不透明度"为 40%。

➡ 实例 62+ 视频:儿童类网站——主体和 Logo

网页中的文本主要包括标题、正文、信息和文本链接等形式,不同形式的文本应该遵循不同的设计规则。

01 ▶ 打开"字符"面板，设置各项参数。

02 ▶ 使用"横排文字工具"在画布中输入相应的文字，并修改部分文字的颜色。

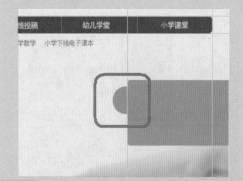

03 ▶ 使用相同方法完成相似内容的制作。

04 ▶ 添加参考线，设置"前景色"为 #879aaf，新建图层，创建一个圆角矩形。

05 ▶ 新建图层，使用"椭圆选框工具"绘制一个椭圆选区，并填充前景色。

06 ▶ 打开"图层样式"对话框，选择"描边"选项，设置参数值。

07 ▶ 继续在对话框中选择"投影"选项，设置参数值。

08 ▶ 设置完成后，单击"确定"按钮，得到图形效果。

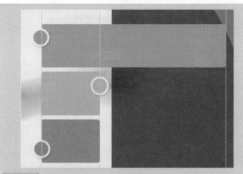

09 ▶ 使用相同方法完成相似内容的制作。

10 ▶ 打开素材图像"素材 \ 第 11 章 \002. png"，将其拖入到设计文档中。

11 ▶ 载入"图层 8"的选区，为该图层添加图层蒙版。

12 ▶ 使用相同方法完成文字内容的制作。

13 ▶ 使用"直线工具"，设置"描边"为 #dad5c9，绘制两条虚线，并栅格化图层。

14 ▶ 使用"矩形工具"，设置"描边"为 #dad5c9，绘制一个矩形，并栅格化图层。

15 ▶ 新建图层，设置"前景色"为 #e97a00，使用"圆角矩形工具"绘制一个橙色的按钮。

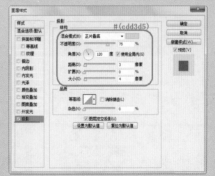

16 ▶ 打开"图层样式"对话框，选择"投影"选项，设置参数值。

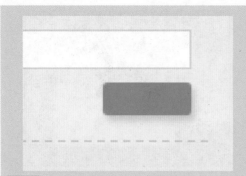

17 ▶设置完成后，单击"确定"按钮，得到按钮效果。

18 ▶打开"字符"面板，设置各项参数。

19 ▶使用"横排文字工具"在画布中输入相应的文字 。

20 ▶使用相同方法完成相似内容的制作。

21 ▶打开"素材 \ 第 11 章 \003.png"文件，将其拖入到设计文档中，适当调整位置。

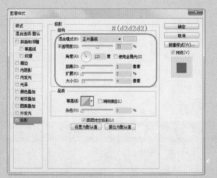

22 ▶打开"图层样式"对话框，选择"投影"选项，设置参数值。

23 ▶设置完成后，单击"确定"按钮，得到投影效果。

24 ▶使用相同方法完成相似内容的制作，然后将相关图层编组为"主体"。

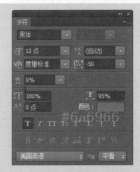

25 ▶打开"字符"面板，设置各项参数。

26 ▶使用"横排文字工具"，在画布中输入相应文字。

27 ▶使用相同方法完成相似内容的制作，将相关图层编组为"版底"。

28 ▶打开"素材\第 11 章\006 .png"文件，将其拖入设计文档中，并进行编组。

29 ▶至此完成儿童类网站页面的制作过程，得到最终效果。

提问：怎么绘制虚线？

　　答：可以使用"文字工具"输入短横线或者是符号，再调整字号和间距。

也可以自定义"画笔工具"绘制出虚线效果。

➡ **实例 63+ 视频：儿童类网站——切图**

　　网页的切片文件一般都会存放在名为"images"的文件夹中，切片名称不能包含任何中文字符。

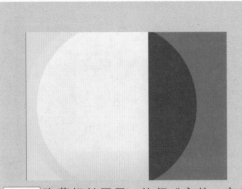

01 ▶ 隐藏相关图层，执行"文件 > 存储为 Web 所用格式"命令。

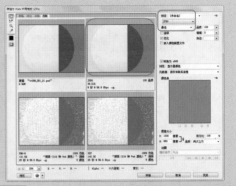

02 ▶ 在"存储为 Web 所用格式"对话框中适当优化图像，然后单击"存储"按钮。

03 ▶ 在弹出的"将优化结果存储为"对话框中输入文件名，并单击"保存"按钮。

04 ▶ 隐藏相关图层，创建参考线，使用"矩形选框工具"沿着参考线精确创建选区。

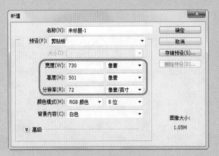

05 ▶ 执行"编辑 > 合并拷贝"命令，按快捷键 Ctrl+N 新建文档。

06 ▶ 按快捷键 Ctrl+V 粘贴图像，执行"文件 > 存储为 Web 所用格式"命令。

07 ▶ 在弹出的"存储为 Web 所用格式"对话框中对图像进行优化存储。

08 ▶ 创建参考线，隐藏相关图层，使用"矩形选框工具"沿着参考线精确创建选区。

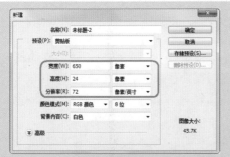

09 ▶ 执行"编辑 > 合并拷贝"命令，按快捷键 Ctrl+N 新建文档。

10 ▶ 按快捷键 Ctrl+V 粘贴图像，隐藏背景图层，然后执行"文件 > 存储为 Web 所用格式"命令优化存储图像。

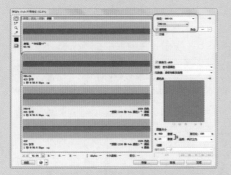

11 ▶ 在弹出的"存储为 Web 所用格式"对话框中对图像适当优化存储。

12 ▶ 隐藏相关图层，创建参考线，使用"矩形选框工具"沿着参考线精确创建选区。

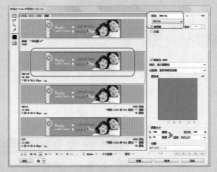

13 ▶ 执行"编辑 > 合并拷贝"命令，按快捷键 Ctrl+N 新建文档，并按快捷键 Ctrl+V 粘贴图像。

14 ▶ 隐藏背景图层，执行"文件 > 存储为 Web 所用格式"命令，对图像适当优化存储。

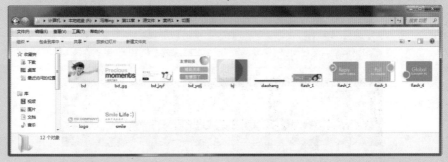

15 ▶ 使用相同方法在网页中创建其他切片，并分别对它们进行优化存储。

提问

提问："合并拷贝"命令有什么优点？

答：执行"合并拷贝"命令后再执行"文件 > 新建"命令，可以自动创建匹配拷贝区域大小的文档，有利于提高网页切图效率。

11.2 制作大气专业的汽车网站

本节主要制作了一款稍显复杂的高档汽车销售网站。网页中细小的元素很多，所以制作时要随时添加新的参考线辅助对齐。另外，在制作 Banner 部分时，要注意合理安排各个素材的位置和大小，避免版面过于杂乱。

11.2.1 行业分类

该页面应该属于比较高档的汽车行业，在设计页面时应该尽可能抓住低调、稳重、大气和可靠几个要点，无论是配色、版式，还是各种素材的布局，都应该按照这些基本意向来选择。

11.2.2 色彩分析

为了最大限度地体现出沉稳和低调的意境，该页面采用了大篇幅的黑白灰无彩色作为主色调，版式也采用了中规中矩的布局方式。为了避免版面过于沉闷，在 Banner 部分采用分层云彩、夸张的光线、透视网格和立体幻灯片等形式来强化动态透视感。

11.2.3 版式分析

该页面是一款典型的"国"字形页面，页面上方是 Logo 和导航，中间是扩大的 Banner，下方是主体部分和版底信息。为了强调出汽车的华丽感和尊贵感，Banner 部分被无限扩大，是整个页面中最醒目的部分。

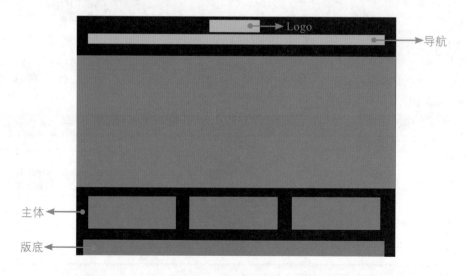

实例 64+ 视频：大气专业的汽车网站——导航与主体

导航是网站设计中必不可少的元素之一，它能够体现出信息结构的基础分类。在制作导航条时，经常会应用到渐变工具来为导航条添加色彩，这样可以让导航条在整个页面中比较明显，引人注目。

源文件：源文件 \ 第 11 章 \ 大气专业的汽车网站 . psd

操作视频 视频 \ 第 11 章 \ 大气专业的汽车网站 . swf

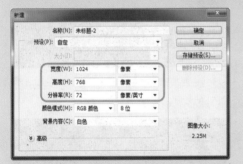

`01` ▶ 执行 "文件 > 新建" 命令，新建一个空白文档。

`02` ▶ 为背景填充黑色，然后按快捷键 Ctrl+R 显示标尺，拖出 4 根参考线。

`03` ▶ 使用 "圆角矩形工具" 沿着参考线创建一个 "半径" 为 5 像素的圆角矩形。

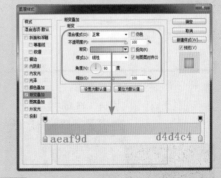

`04` ▶ 打开 "图层样式" 对话框，选择 "渐变叠加" 选项，设置参数值。

提示　　有些人认为 "渐变叠加" 样式无法调整渐变色的中心位置，其实是可以的，在打开 "图层样式" 对话框的情况下直接使用鼠标拖动图像即可。

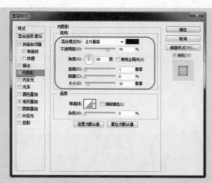

05 ▶ 继续在对话框中选择"内阴影"选项，设置参数值。

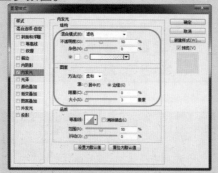

07 ▶ 将该形状栅格化，继续打开"图层样式"对话框，选择"内发光"选项并设置参数。

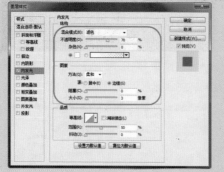

09 ▶ 将该形状栅格化，继续打开"图层样式"对话框，选择"内发光"选项并设置参数。

11 ▶ 为其添加蒙版，将导航处理成两头渐隐的效果。

06 ▶ 设置完成后单击"确定"按钮，得到导航底座部分。

08 ▶ 设置完成后单击"确定"按钮，可以看到导航外侧添加了一圈白边。

10 ▶ 设置完成后单击"确定"按钮，可以看到导航外侧添加了一圈白边。

12 ▶ 打开"字符"面板设置字符属性，然后在导航上输入文字。

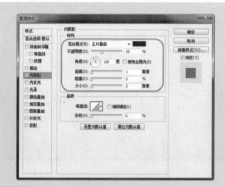

13 ▶ 打开"图层样式"对话框，选择"内阴影"选项，设置参数值。

14 ▶ 设置完成后单击"确定"按钮，得到文字效果。

15 ▶ 复制文字至下方，清除图层样式，将颜色改浅，并向右下方移动，制作出立体效果。

16 ▶ 使用相同方法制作出菜单项。

17 ▶ 在导航上方新建图层，创建一个正圆选区，并为选区填充从 #54544d 到 #d3d1ca的径向渐变。

18 ▶ 将该图形压扁，并修改其"混合模式"为"颜色减淡"，"不透明度"为 70%，制作出菜单项选中效果。

19 ▶ 使用相同方法制作出导航右上方的索引菜单，并将相关图层编组。

20 ▶ 加入新的参考线，然后将素材图像"素材 \ 第 11 章 \007.png"拖入到导航下方。

21 ▶ 在图像下方新建图层，使用白色柔边
画笔涂抹出地面部分。

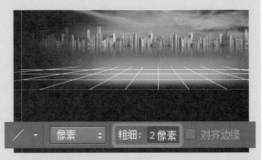

22 ▶ 再新建图层，使用"直线工具"绘制
一些白色透视格子。

23 ▶ 设置该图层"不透明度"为 50%，
然后为其添加蒙版，使格子边缘虚化一些。

24 ▶ 分别将底座素材和汽车素材拖入文
档中，并适当调整它们的位置和大小。

25 ▶ 使用"多边形工具"在车窗上绘制一
颗星星，颜色可为任意。

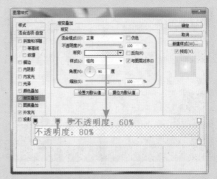

26 ▶ 打开"图层样式"对话框，选择"渐
变叠加"选项，设置参数值。

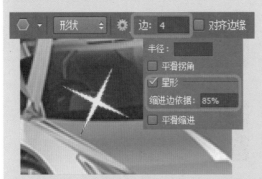

27 ▶ 设置完成后，修改该图层的"填充"
为 0%，得到星光效果。

28 ▶ 使用相同方法制作其他发光效果和
艺术文字。

29 ▶ 使用"圆角矩形工具"在汽车左侧创建一个形状，并将其适当扭曲。

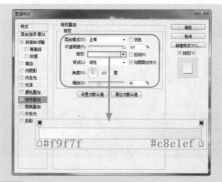

30 ▶ 打开"图层样式"对话框，选择"渐变叠加"选项，设置参数值。

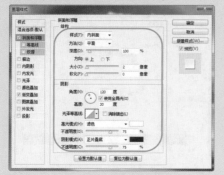

31 ▶ 继续选择"斜面和浮雕"选项，设置参数值。

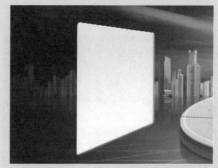

32 ▶ 设置完成后单击"确定"按钮，得到图形效果。

33 ▶ 使用相同方法制作卡片的其他部分。

34 ▶ 使用相同方法制作其他的卡片，并分别将相关图层编组。

提问：怎样制作出和源文件类似的菜单项选中效果？

答：使用本实例中给出的渐变色值可能无法制作出一模一样的高亮选中效果，请在设置好"混合模式"的状态下使用"图像 > 调整 > 色阶"命令重新调整颜色的分布，直至得到类似的效果。

⏩ **实例 65+ 视频：大气专业的汽车网站——版底与 Logo**

　　本实例是设计汽车网站，主要以黑白色为主，体现一种炫酷的风格类型。在制作内容时，无论是色彩还是构图都要与网站的整体风格相融合。

01 ▶ 加入新的辅助线，使用"圆角矩形工具"绘制一个"描边"颜色为 #272725 的形状，并适当调整其形状。

02 ▶ 使用前面讲解过的方法制作主体部分的标头。

03 ▶ 使用"钢笔工具"在圆角矩形右侧绘制形状，颜色任意。

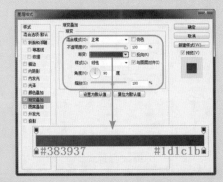

04 ▶ 打开"图层样式"对话框，选择"渐变叠加"选项，适当设置参数。

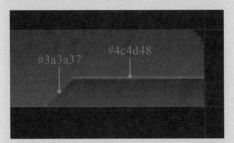

05 ▶ 设置完成后新建图层，使用"直线工具"为该形状添加边缘。

06 ▶ 在形状上输入文字，并使用"直线工具"绘制出小三角。

07 ▶ 将相关图层编组为"notice"，然后加入新的参考线，使用相同方法制作第二块主体信息部分。

08 ▶ 使用"矩形工具"在文字下方创建一个"填充"为 #282826，"描边"为 #57574f 的矩形。

09 ▶ 使用"直线工具"，设置"路径操作"为"合并形状"，绘制出像素字。

10 ▶ 使用相同方法复制调整出其他两个文本框，然后将相关图标编组为"event"。

11 ▶ 加入新的参考线，然后使用相同的方法制作出第 3 块主题信息部分。

12 ▶ 将相关图层编组为"service"，然后再将 3 块信息部分编组为"主体"。

13 ▶ 使用相同方法制作版底部分，并分别将 Logo 素材拖曳到不同的位置，制作完成。

提问：怎样绘制不完整的圆角矩形状线条？

答：只需要使用"圆角矩形工具"绘制路径，然后使用"直接选择工具"删除相应的锚点，再使用画笔描边路径即可。

如果素材提供的 Logo 是彩色的，而我们需要黑白的 Logo，可以直接执行"图像 > 调整 > 去色"命令去掉颜色。

➡ 实例 66+ 视频：大气专业的汽车网站——切图

拖动参考线时按住 Shift 键，参考线会自动对齐到当前标尺的刻度上。标尺的刻度会随着视图缩放而发生变化，参考线不会影响图像的保存结果，也就是说不会嵌入到图像里去。参考线用完后可以清除掉，如果不清除，保存后的图像下次打开时参考线仍然会存在。

`01` ▶ 隐藏导航，然后使用"矩形选框工具"沿着参考线框选 Banner 部分。

`02` ▶ 执行"编辑 > 合并拷贝"命令，再执行"文件 > 新建"命令，新建一个文档。

`03` ▶ 执行"编辑 > 粘贴"命令将复制的图像粘贴到新文档中。

`04` ▶ 执行"文件 > 存储为 Web 所用格式"命令，对图像进行优化存储。

05 ▶ 设置完成后单击对话框右下方的"存储"按钮，将图像存储为"banner.jpg"。

06 ▶ 返回设计文档中，隐藏导航背景上的一切元素，然后沿着参考线框选导航。

07 ▶ 按快捷键 Ctrl+Shift+C 合并拷贝选区，然后按快捷键 Ctrl+N 新建文档，文档尺寸将自动跟踪选区大小。

08 ▶ 将图像粘贴到新文档中，然后执行"文件 > 存储为 Web 所用格式"命令，对图像进行优化存储。

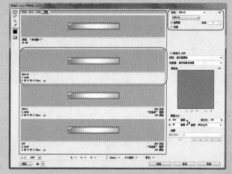

09 ▶ 显示导航背景的高亮效果，然后加入新的辅助线，将高亮部分框选。

10 ▶ 将选区中的图像复制到新文档，并按快捷键 Ctrl+Shift+Alt+S，对其进行优化存储。

11 ▶ 使用相同的方法将导航上的文字单独存储出来。

12 ▶ 将文字前面的小三角单独框选，并存储出来，因为它无法通过代码实现。

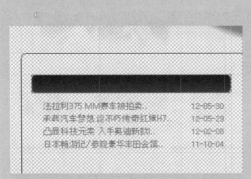

13 ▶ 隐藏主体标题背景上的所有元素，然后沿着参考线将其框选。

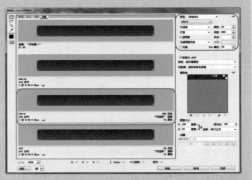

14 ▶ 将图像复制到新文档，并按快捷键 Ctrl+Shift+Alt+S，对其进行优化存储。

15 ▶ 将文字前面的小三角框选，并将其单独存储出来。

16 ▶ 使用相同方法分别将其他部分存储为 Web 所用格式。

提问：切图时可以直接使用"图像 > 裁剪"命令吗？

答：我们一直采用在原始文档中框选需要的区域，然后将它们粘贴到新文档的操作方法进行存储，实际上也可以直接创建选区后执行"图像 > 裁剪"命令，但这种方式极容易导致文档误存储。

11.3 制作电子产品网站

本节主要制作了一款电子产品网站，该页面的主要难点在于 Banner 部分和蓝色渐变背景的主体部分。其中 Banner 部分包括世界地图、产品图和各种艺术文字，制作时要注意合理安排每个元素的位置。

11.3.1 行业分类

这是一款属于电子科技类的销售网站。电子产品更新换代的频率很快，这就要求页面的整体视觉效果要活泼醒目，但这只是在整洁严谨的基础上而言的相对活泼，切不可将其与儿童类网站的活泼醒目划等号。

11.3.2　色彩分析

这是一款科技类的网站，所以自然而然地选用了青色来体现科技、时尚和头脑冷静的意象。浅灰色到白色的渐变色背景也很好地烘托了清爽的感觉，局部点缀的红色则为页面增添了不少趣味感。

11.3.3　版式分析

本实例采用了"国"字型的变化样式布局页面，页面上方为导航、Logo 和 Banner，下方为主体部分，最下面是版底信息。

其中主体部分被一道蓝条按照类型的不同划分为两个部分，既有利于信息的分类检索和浏览，也起到了装饰版面整体效果的作用。

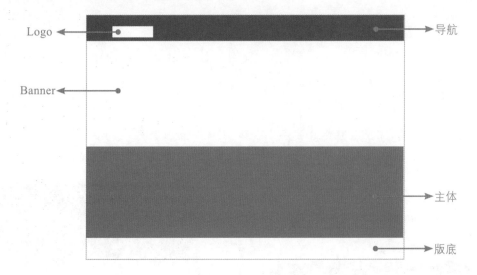

实例 67+ 视频：电子产品网站——导航与背景

通过前面许多基础知识的讲解，已经了解到 Photoshop 在网页设计领域的用途，下面正式进入到实践操作阶段。

源文件：源文件 \ 第 11 章 \ 电子产品网站 .psd　　操作视频：视频 \ 第 11 章 \ 电子产品网站 .swf

01 ▶执行"文件 > 新建"命令，新建一个空白文档。

02 ▶执行"文件 > 打开"命令，打开素材图像"素材 \ 第 11 章 \018.jpg"。

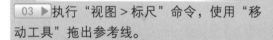

03 ▶执行"视图 > 标尺"命令，使用"移动工具"拖出参考线。

04 ▶新建图层，使用"矩形选框工具"绘制选区并填充颜色 #2e2e2e。

05 ▶使用相同的方法绘制白色长条，修改其"不透明度"为 20%，并添加图层蒙版。

06 ▶新建图层，使用"直线工具"，设置"工具模式"为"像素"，在画布中绘制颜色为 #e4e4e4 的直线。

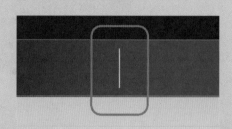

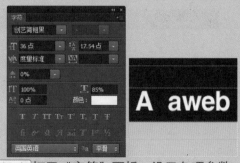

07 ▶为其添加图层蒙版，修改其"不透明度"为 30%，使用相同的方法绘制其他直线。

08 ▶打开"字符"面板，设置各项参数，并在画布中输入相应文字。

09 ▶ 再次打开"字符"面板，进行相应设置，并输入相应文字。

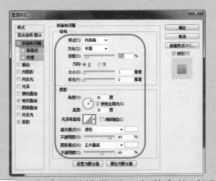

10 ▶ 双击该图层缩览图，在弹出的对话框中选择"斜面和浮雕"选项，设置参数值。

11 ▶ 选择"渐变叠加"选项，设置参数值。

12 ▶ 选择"投影"选项，设置参数值。

13 ▶ 设置完成后单击"确定"按钮，执行"编辑 > 变换 > 斜切"命令，使用鼠标拖动变换框的 4 个拐角，使其变形。

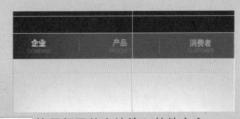

14 ▶ 使用相同的方法输入其他文字。

15 ▶ 新建图层，选择"圆角矩形工具"，设置"工具模式"为"像素"，在画布中绘制任意颜色圆角矩形。

16 ▶ 使用"矩形选框工具"，框选圆角矩形的下半部分，按 Delete 键删除选区内容。

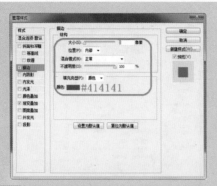

17 ▶ 打开"图层样式"对话框，选择"描边"选项，设置参数值。

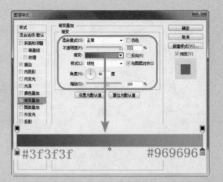

18 ▶ 选择"渐变叠加"选项，设置参数值。

19 ▶ 设置完成后单击"确定"按钮，得到图像效果。

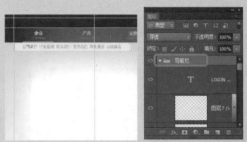

20 ▶ 使用相同方法完成相似的制作，将相关图层进行编组，重命名为"导航栏"。

提问：如何使用"形状"绘制一半圆角矩形？

答：用户可以将"工具模式"设置为"形状"，绘制一个完整的圆角矩形，然后将"路径操作"修改为"减去顶层形状"，在该圆角矩形的下方再次创建一个圆角矩形。

➡ **实例 68+ 视频：电子产品网站——Banner**

广告条在一个网页中起到了锦上添花的作用，在前面第 4 章为读者介绍了许多关于抠图合成广告条的知识，接下来介绍广告条的制作。

01 ▶ 再次使用"移动工具"在文档中拖出参考线。

02 ▶ 打开"素材\第 11 章\019.png"文件，并将其拖入设计文档中。

03 ▶修改图层"混合模式"为"明度"，"不透明度"为 60%。

04 ▶打开"素材\第 11 章\020.png"文件，并将其拖入设计文档中。

05 ▶新建图层，选择"画笔工具"，设置前景色为 #3d5a5d，降低画笔"不透明度"，在笔记本下方涂抹阴影。

06 ▶修改图层"混合模式"为"正片叠底"，使用相同方法完成相似的制作。

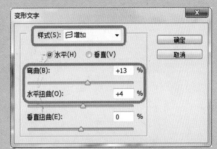

07 ▶使用前面讲过的方法输入文字，并添加相应的图层样式。

08 ▶执行"文字 > 文字变形"命令，在弹出的对话框中进行相应设置。

09 ▶使用相同方法完成页面中其他内容的制作。

10 ▶新建图层，使用"矩形选框工具"在画布中创建选区并填充白色。

11 ▶ 为其添加图层蒙版，并修改图层"不透明度"为 60%。

12 ▶ 使用相同方法完成其他高光的制作。

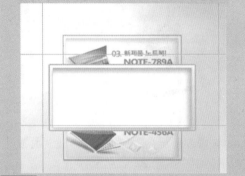

13 ▶ 使用前面讲过的方法完成相似制作。

14 ▶ 使用"矩形选框工具"创建选区，并填充从 #d9d9b6 到 #ffffff 的线性渐变色。

15 ▶ 为其创建剪贴蒙版，制作出相框。

16 ▶ 使用相同方法完成其他内容的制作。

17 ▶ 新建图层，选择"画笔工具"，选择合适的笔触在图像中绘制白色星光。

18 ▶ 使用相同方法完成其他内容的制作。

19 ▶新建图层，选择"钢笔工具"，在画布中绘制路径并转换为选区，填充渐变色。

20 ▶继续绘制路径，转换为选区并填充渐变色 #3786a0 到 #bed5dd。

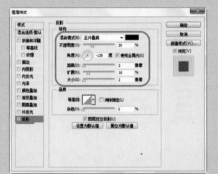

21 ▶打开"图层样式"对话框，选择"投影"选项，设置参数值。

22 ▶设置完成后单击"确定"按钮，使用相同的方法制作另一个箭头。

提问：如何创建剪贴蒙版？

答：使用鼠标右键单击图层缩览图，在弹出的快捷菜单中选择"创建剪贴蒙版"命令。或使用快捷方式，即按下 Alt 键，使用鼠标在两个图层的缩览图中间单击，即可创建剪贴蒙版。

➡ 实例 69+ 视频：电子产品网站——主体和版底

　　一个网页的主体是整个网页最重要的部分，也是一个产品展示平台的主心骨，一个网页的主体信息应该能够让用户充分了解所展示的产品。

01 ▶使用前面讲过的方法完成相似内容的制作。

02 ▶新建图层，选择"画笔工具"，设置"不透明度"为 70%，选择合适笔触在画布中绘制白点。

03 ▶ 不断修改画笔的"不透明度",在画布中绘制白点。

05 ▶ 打开"字符"面板,进行相应设置,并在图像中输入相应文字。

07 ▶ 设置完成后单击"确定"按钮,使用相同方法完成相似的制作。

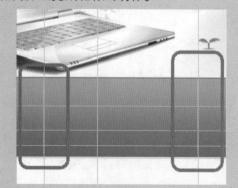

09 ▶ 关闭"画笔"面板,新建图层,按下Shift 键在画布中绘制虚线。

04 ▶ 在"图层"面板中修改图层"混合模式"为"颜色加深"。

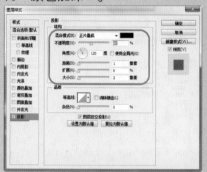

06 ▶ 打开"图层样式"对话框,选择"投影"选项,进行相应设置。

08 ▶ 选择"画笔工具",设置前景色为白色,打开"画笔"面板进行相应设置。

10 ▶ 使用相同方法完成相似的制作,得到最终页面效果。

提问：如何使用快捷方法绘制直线？

答：选择"钢笔工具"，设置"工具模式"为"形状"，"填充"为"纯色"，"描边"颜色为白色。或选择"直线工具"，在选项栏中进行相同设置，都可以绘制直线。

实例 70+ 视频：电子产品网站——切图

用 Photoshop 制作好一个网站页面后，还要将切片导入到 Dreamweaver 中进行加工后才能制作成网页。Dreamweaver 本身不具备图像处理功能，甚至不能方便地完成图像翻转操作，所以设计和制作页面时，要将一切带有图层样式、翻转、旋转效果的图像，或者一些不常用的字体单独切成图像，再由 Dreamweaver 添加代码。

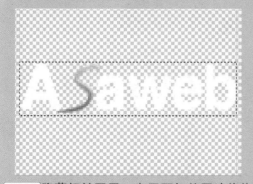

01 ▶ 隐藏相关图层，在需要切的图边缘拖出参考线，并绘制选区。

02 ▶ 执行"编辑 > 合并拷贝"命令，按快捷键 Ctrl+N，弹出"新建"对话框。

03 ▶ 单击"确定"按钮，按快捷键 Ctrl+V 粘贴图像。

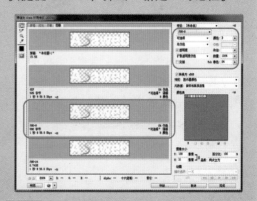

04 ▶ 执行"文件 > 存储为 Web 所用格式"命令，对图像进行优化。

在切图时，一定要注意隐藏除了要切片图层以外的所有图层。在拖参考线和绘制选区的时候，一定要让参考线框的空间和选区的大小完全符合切图的大小，否则会给程序员带来很大的麻烦。

05 ▶ 单击"存储"按钮，将其存储在指定文件夹中。

07 ▶ 隐藏无关背景和文字图层，再次在图像边缘拖出参考线。

09 ▶ 执行"编辑 > 合并拷贝"命令，按快捷键 Ctrl+N，弹出"新建"对话框。

11 ▶ 执行"文件 > 存储"命令，将其存储为 jpg 格式。

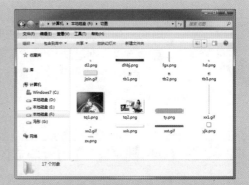

06 ▶ 使用相同方法对其他透底图像进行切图操作。

08 ▶ 在参考线内创建一个与参考线相同大小的选区。

10 ▶ 单击"确定"按钮，按快捷键 Ctrl+V 粘贴图像。

12 ▶ 使用相同方法对其他部分进行切图存储。

提问：为什么要采用不同的格式存储同一张页面中的切片？

答：因为不同的图像格式在存储图像时各有其特点和优势，例如 JPG 格式善于压缩颜色过渡丰富的图像，PNG 格式可以很好地表现半透明效果，GIF 格式善于存储线条颜色简单的图像。

采用不同的格式存储不同的图像，归根结到底还是为了在不影响画面效果的前提下尽可能压缩文档的体积，力求使最终做出的网站页面视觉效果佳，同时加载速度快。

11.4 本章小结

本章主要通过 3 款完整页面的制作，讲解了不同行业应该按照怎样的配色方式，采用怎样的版式布局方式来体现本行业独有的特征。使用这种中规中矩的方式设计网页虽然不容易推陈出新，但对于新手来说，可以避免犯一些致命的低级错误。